Mohammad Reza Dawoudi

Modelowanie DNA

Mohammad Reza Dawoudi

Modelowanie DNA

in biomedische beeldafstemming

Wydawnictwo Bezkresy Wiedzy

Imprint

Cover image: www.ingimage.com

Publisher:
Wydawnictwo Bezkresy Wiedzy
is a trademark of
International Book Market Service Ltd., member of OmniScriptum Publishing Group
17 Meldrum Street, Beau Bassin 71504, Mauritius

Printed at: see last page
ISBN: 978-620-2-44887-1

Modelowanie DNA w dopasowaniu obrazu biomedycznego

Mohammad Reza Dawoudi

FOREWORD

Teza ta została przeprowadzona w Centrum Pozytonowej Tomografii Emisyjnej (PET) w Turku w Finlandii w latach 2009 i 2010.
Słowa podziękowania należą się profesorowi Juhaniemu Knuutiemu, dyrektorowi Centrum PET w Turku, a także profesorowi Juha Rinne za wsparcie w zakresie obrazów PET i MRI oraz tworzenia wariantów, nie zapominając o moich kolegach z pracy w Centrum PET, zwłaszcza Vesa Oikonen i Harri Merisaari, za zapewnienie mi przyjemnego i pełnego wyzwań środowiska pracy.

Na koniec chciałbym wyrazić moją wdzięczność mojej rodzinie, zwłaszcza mojej żonie Afrouz Zibaei i naszym dzieciom Amin i Marjam, za ich wsparcie, zrozumienie i wyrozumiałość podczas nauki. Całą wdzięczność kieruję również do wszystkich, którzy wspierali i pomagali mi w drodze.

Turku, maj 2010 r.

Mohammad Reza Dawoudi

DAWOUDI, MOHAMMAD REZA: Modelowanie DNA w obrazowaniu biomedycznym

Praca dyplomowa na stopień magistra

Bioinformatyka

maj 2010 r.

Medyczne dopasowanie obrazu (MIM) to zastosowanie technik przetwarzania obrazu do diagnostyki klinicznej. W tej pracy oceniana jest nowa metoda wyrównywania różnych obrazów MRI. Metoda ta nazywana jest Algorytmem kodu kwartalnego. Metoda opiera się na odwzorowaniu liniowym i indywidualnych korelacjach pomiędzy punktowymi cechami pozyskanymi z obrazów oraz na obliczaniu podobieństw w wartościach pikseli. Korespondencja ta jest określana poprzez porównanie dwóch ciągów skonstruowanych z wartości pikseli obrazów. Metoda wykorzystuje tabelę o nazwie Quarter Code table, która jest zestawem znaków i liczb. W tej tabeli każda liczba z przedziału od 0 do 255 jest tłumaczona na unikalny ciąg czteroliterowego alfabetu. Litery A, C, G, T są wybrane, ponieważ są one takie same jak używane w sekwencjach DNA. W ten sposób możliwe jest wykorzystanie narzędzi pierwotnie zaprogramowanych do analizy sekwencji DNA. Kiedy wszystkie wartości pikseli obrazów MRI są konwertowane na wirtualne sekwencje DNA, można pokazać różnice między dwoma wirtualnymi sekwencjami DNA. Porównanie dwóch wirtualnych sekwencji DNA odbywa się za pomocą testu Chi-squared, Łańcucha Markowa i wykresu wiązów.

Słowa kluczowe: Obrazy MRI, Kod genetyczny, Wyrównanie sekwencyjne, Model łańcucha Markova, wiązki

Spis treści

2 Wprowadzenie

Image matching jest ważnym obszarem badań w dziedzinie inżynierii odwrotnej, sztucznej inteligencji, dopasowywania wzorów, wizji maszynowej i analizy obrazu biomedycznego. Techniki te są w stanie wykryć zmiany w różnych obrazach. "Te algorytmy dopasowujące są podstawowymi komponentami stosowanymi w implementacji praktycznego oprogramowania istniejącego pod większością systemów operacyjnych." [1].

W aspekcie biomedycznym umiejętność dopasowania atlasu anatomicznego, ilustrującego strukturę ludzkiego mózgu, do poszczególnych obrazów pacjenta stanowi podstawę do rozwiązania kilku ważnych problemów w interpretacji obrazów medycznych. W ostatnich latach przeprowadzono wiele badań nad metodami dopasowania obrazu medycznego. Metody te mogą być podzielone na kilka szerokich klas w zależności od tego, jak analizowane są obrazy?

Jedna z klas technik, zwana AUTO-MATCH, polega na cyfrowej obróbce wstępnej obrazów w celu wydobycia konturów krawędzi, a następnie analizie korelacji odpowiadających im punktów końcowych krawędzi. Technika ta została zastosowana do oceny jakości obrazu geometrycznego, który ma być zainstalowany w NASA-Goddard. NASA's Goddard Space Flight Center jest domem, aby zbudować nową technologię do badania wszechświata. System ten mierzy wektory rejestracji na tablicy par okien z obrazów LANDSAT, aby określić zniekształcenia pomiędzy nimi [2].

Inne podejście do dopasowania obrazu nazywa się dopasowaniem szablonu. Metoda ta opiera się na wektoryzacji obrazu. Obraz jest przedstawiony jako zestaw wektora skalarów. W ten sam sposób zostały zaprezentowane zdjęcia świątynne. Następnie algorytm dopasowania wektorowego służy do dostarczenia zestawu miejsc dopasowania [3]. Innym podejściem jest technika dopasowywania obrazu do obrazu ptaków. To matematyczne podejście jest bronione przez Fryderyka J.P. Richarda i twierdzi, że "Naszą motywacją jest zbadanie wykonalności innego słynnego podejścia do przetwarzania obrazów opartego na losowych polach Markova (MRF). W tym celu proponujemy dyskretne i stochastyczne ramy dopasowania obrazu, które są równoważne ze zwykłymi wariantami i odpowiednie dla podejścia opartego na MRF" [4].

Niektóre badania, takie jak Williams, Wilson i Hancock, sformułowały problem dopasowania obrazu w ramach Bayesowskiej metodologii i uważają, że bayesowska metodologia ułatwia pryncypialne podejście do rozwoju modelu dopasowania [5]. Głównym problemem i wadą powyższych podejść jest wrażliwość na utratę danych, które są bezużyteczne w zastosowaniach medycznych, a także aspekt neuroobrazowania [6].

Celem niniejszego opracowania jest uzyskanie dostępu do nowej techniki dopasowania biomedycznego. Proponuje się nowatorskie dopasowanie obrazu medycznego do obrazów mózgu z MRI i ocenę jego działania. Technika ta oparta jest na modelowaniu DNA obrazów cyfrowych i ich analizie statystycznej. Głównym celem tego badania jest sprawdzenie, czy test Chi-Squared ma zastosowanie do analizy obrazu.

Modelowanie DNA obrazu cyfrowego jest układem pozwalającym na przedstawienie liczby pikseli wartości i map pikseli w postaci ciągu znaków. W tym systemie każda wartość każdego piksela jest zakodowana za pomocą czterech znaków. Pierwszym krokiem w metodzie zaproponowanej przez autora badań jest przeprowadzenie bezpośredniego kodowania obrazu cyfrowego, z czterema literami A, G, C i T. Wybrano alfabet A, C, G, T, ponieważ jest on taki sam jak w rzeczywistych sekwencjach DNA. Nowa koncepcja polega na tym, że narzędzia do analizy sekwencji DNA mogą być stosowane do przetwarzania obrazów.

Następnym etapem jest wdrożenie statystycznych metod wnioskowania w celu wykrycia podobieństw w wirtualnych sekwencjach DNA. Ta metoda jest wykonywana przez test Chi-Squared. Test Chi-Squared jest statystyczną metodą testową powszechnie stosowaną do porównywania zaobserwowanych danych z danymi, których można by się spodziewać. Pokażemy kilka przykładów, gdzie dwie sekwencje mają tę samą częstotliwość liter, ale są to różne obrazy. Te przykłady pokazują, że test Chi-Squared nie jest sam w sobie wystarczający do porównania sekwencji. Dlatego dla poprawy wyników przeprowadzimy test Chi-Squared w modelu łańcuchowym Markova, ponieważ model Markova pierwszego rzędu zapewnia matematycznie ciągliwe rozwiązanie.

Po przeprowadzeniu testów statystycznych, rozkład danych jest oceniany za pomocą techniki wykresu wiązek. Wykresy glmów są użytecznym sposobem na wizualizację porównywanych danych.

Reszta pracy jest zorganizowana w następujący sposób: Sekcja 3 zawiera kilka podstawowych teorii dotyczących przetwarzania obrazów medycznych i diagnostyki klinicznej. Sekcja 4 opisuje algorytm Quarter Code Algorithm i podaje implementację tego algorytmu do konwersji obrazu medycznego na format liniowy (format DNA). Dodatkowe szczegóły dotyczące bliskiego podejścia i porównania różnych obrazów medycznych oraz wniosków statystycznych znajdują się w części piątej. Wyniki eksperymentalne na rzeczywistych danych przedstawiono w punkcie 6. Metoda ta została zastosowana do obrazów MRI tkanki mózgowej za pomocą testu Chi-Squared i modelu Markova Chaina w celu wykrycia oznak choroby Alzheimera. Narzędzie statystyczne glm jest również wykorzystywane do obserwacji rozkładu danych. Sekcja 7 jest konkluzją.

3 Przetwarzanie obrazów medycznych i diagnostyka kliniczna

Biomedyczne przetwarzanie obrazów jest multidyscyplinarnym obszarem badań, który wizualizuje struktury i funkcje narządów ludzkich. Liczne grupy badawcze opracowują nowe algorytmy matematyczne i obliczeniowe służące do manipulacji i analizy danych obrazu biomedycznego.

Techniki obliczeniowe i modelowanie matematyczne to podstawowe pojęcia z zakresu przetwarzania obrazu. David Mumford i jego partnerzy twierdzili: "Współczesne wyzwania matematyczne w analizie obrazu obejmują szeroki zakres obszarów matematycznych, począwszy od analizy harmonicznej (rozwój nowych narzędzi matematycznych do rozkładu danych obrazowych na jednostki elementarne), teorii uczenia się statystycznego (uczenie się na podstawie danych empirycznych o podstawowych składnikach danych obrazowych) oraz poszukiwania nowych modeli stochastycznych, np. kształtu i gramatyki" [7].

Głównym przedmiotem zainteresowania przetwarzania obrazów matematycznych mogą być cząstkowe równania różniczkowe, metody wariacyjne, metody morfologiczne, fale i filtry nielokalne [8].

Dlatego też badania w dziedzinie przetwarzania obrazów medycznych skupiają się na doskonaleniu nowych algorytmów i metod cyfrowej analizy obrazu. Niniejsza praca magisterska obejmuje zagadnienia związane z przetwarzaniem danych i edytowaniem tekstów, w tym metody i zastosowania w *dopasowywaniu obrazów medycznych*. Zawiera on metody i nowe pomysły na temat obliczeniowego i statystycznego aspektu dopasowania obrazów medycznych. Ogólnie rzecz biorąc, ramy statystyczne przetwarzania obrazów medycznych obejmują następujące elementy:

- Opracowanie metod przewidywania funkcji nowo odkrytych białek i leków [9]

- Skupienie obrazów medycznych w rodziny obrazów pokrewnych oraz opracowanie atlasu i bazy danych obrazów mózgu [10]
- Dostosowanie podobnych obrazów (technika dopasowania) i generowanie drzewa obrazów do zaburzeń psychicznych i relacji ewolucyjnych [11]
- Stwierdzenie nieprawidłowego wzrostu komórek mózgowych u różnych chorych [12]
- Cechy obrazowe (właściwości fizyczne, kwestie morfologiczne) [13]
- Przewidywanie nieprawidłowej lokalizacji wzrostu komórek [14]
- Lokalizacja komórek na mózgu, korelacja z funkcją [15]
- Wielkoskalowe wydarzenia w ewolucji mózgu [16]
- Identyfikacja istotnych komórek, biorących udział w określonych procesach [17]
- Rozpoznawanie wzorców i uczenie się maszynowe [18]
- Eksploracja danych w badaniach medycznych i biologicznych [19]
- Computer-assisted fusion of medical images [20]
- Mapowanie wzrostu mózgu [21]
- Mapowanie chorób mózgu [22]

W tym artykule skupimy się na wyrównaniu podobnych obrazów, ale nie na generowaniu drzew obrazkowych. Wykorzystujemy modelowanie DNA do zdjęć cyfrowych oraz testy statystyczne. Obrazowanie rezonansem magnetycznym (MRI) jest stosowane głównie do obrazowania mózgu. Dlatego do badania tej metody wykorzystujemy obrazy MRI mózgu.

3. 1Obrazowanie rezonansem magnetycznym (MRI)

Obrazowanie metodą rezonansu magnetycznego (MRI) jest jedną z najważniejszych nieinwazyjnych metod badań medycznych, która jest często wykorzystywana do diagnozowania stanów chorobowych. Technika MRI wykorzystuje potężne pole magnetyczne i impulsy o częstotliwości radiowej oraz komputer do tworzenia szczegółowych obrazów organów w obrębie struktur ciała. MRI zapewnia natychmiastowy dostęp do diagnostyki klinicznej i informacji anatomicznych. MRI jest główną metodą w badaniach nad mózgiem i jest niezwykle czuły przy diagnozowaniu chorób mózgu. Możliwość tworzenia dokładnych map ludzkiego mózgu i rozpowszechniania na standardowych skanerach MRI jest zatem bardzo pożądana.

Skupiamy się na badaniu MRI ludzkiego mózgu, które obejmuje opis anatomiczny i wykrywanie zmian chorobowych (tkanki nieprawidłowej). W tym badaniu zajmujemy się w szczególności chorobą *Alzheimera*, która jest najczęstszą formą demencji. Znalezienie przyczyny objawów MRI radykalnie poprawiło rozpoznanie choroby Alzheimera. Rezonans magnetyczny jest tu szczególnie przydatny, ponieważ widzi przez kości czaszki *obszar zainteresowania* (ROI) w mózgu. Zbyt wiele badań dotyczących morfometrycznych badań MRI mózgu w kierunku choroby Alzheimera.

3.2 Morfologia mózgu i choroba Alzheimera

Choroba Alzheimera jest poważnym zaburzeniem mózgu i najczęstszą formą demencji. Charakteryzuje się utratą pamięci i pierwszymi objawami świadczącymi o upośledzeniu funkcji pamięci. Elsevier B.V. twierdził: "Hipokamp jest mezjańskim płatem skroniowym o złożonym kształcie i głównym miejscem padaczki płatów skroniowych, a także dotkniętym wcześnie chorobą Alzheimera" [23].

W chorobie Alzheimera okolice hipokampu kurczą się i ten skurcz wydaje się różnić od normalnego mózgu. Naukowcy pracują z różnymi metodami przetwarzania obrazów, aby wykryć i zidentyfikować subtelne zmiany w strukturach hipokampu, które są obecne we wczesnym stadium choroby. Wykrywanie i identyfikacja choroby Alzheimera opiera się na analizie obrazu MRI z wykorzystaniem wielu parametrów.

3.3 Wykrywanie hipokampa w oparciu o segmentację zwrotu z inwestycji (ROI)

Wykrywanie ROI w mózgu jest podstawowym problemem w analizie obrazów medycznych. Segmentacja obrazu jest metodą, która zwiększa czułość na wykrywanie struktur mózgowych. Segmentacja obrazu jest procesem wyodrębniania cech i wyróżniania obiektów z tła. Istnieje kilka różnych metod segmentacji hipokampu. Metody te są wykorzystywane do identyfikacji granic hipokampu, ale nie mają zastosowania do wykrywania niewielkich zmian w obrębie hipokampu.

4 Medyczne dopasowanie obrazu w oparciu o modelowanie DNA

Medical Image Matching to ogólna nazwa zbioru technik, które określają podobieństwo kilku obrazów cyfrowych lub ich części, w celu rozpoznania, czy są one identyczne, czy też nie.

Dopasowywanie obrazów medycznych w oparciu o modelowanie DNA jest nową metodą dopasowywania obrazów medycznych MRI. Obrazy medyczne są przedstawiane jako kolorowe i monochromatyczne. Aby uniknąć złożoności, ograniczamy naszą uwagę do obrazów monochromatycznych. Obrazy cyfrowe mogą być przechowywane w różnych formatach, takich jak jpeg, ppm lub tiff. Niniejsza praca koncentruje się na analizie techniki dopasowania MRI do badania anatomii *hipokampu.* Rysunek 1 przedstawia dwa etapy techniki dopasowania opartej na modelowaniu DNA.

Pierwszy krok rozpoczyna się od modelowania DNA dwóch cyfrowych obrazów hipokampu. Uważamy, że przyczyną są dwa zdjęcia wykonane z tej samej pozycji z dwuletnim odstępem czasowym. Wynik modelowania nazywany jest wirtualnym modelowaniem formatu DNA. Wirtualny format DNA jest reprezentacją wartości pikseli jako sekwencji znaków.

Drugi etap składa się z testów statystycznych z wykorzystaniem metod Chi-Squared, łańcucha Markova pierwszego rzędu i wykresu wiązów. Jeśli wartość Chi-Squared nie jest równa 1, oznacza to, że te dwie sekwencje nie są takie same i zakończymy test. Jeśli wartość Chi-Squared jest równa 1, oznacza to, że dwie sekwencje są podobne, to kontynuujemy model Markova. Jeśli wartość Chi-Squared dla dwóch modeli Markova nie jest równa 1, oznacza to, że dwie sekwencje nie są do siebie podobne i zakończymy test. Jeśli okaże się, że obie sekwencje są identyczne (np. dla modeli Markova), wówczas kontynuujemy proces i wykonujemy wykres glm do wizualizacji porównania dwóch sekwencji w wirtualnym formacie DNA. W każdym razie nasz test kończy się na tym etapie.

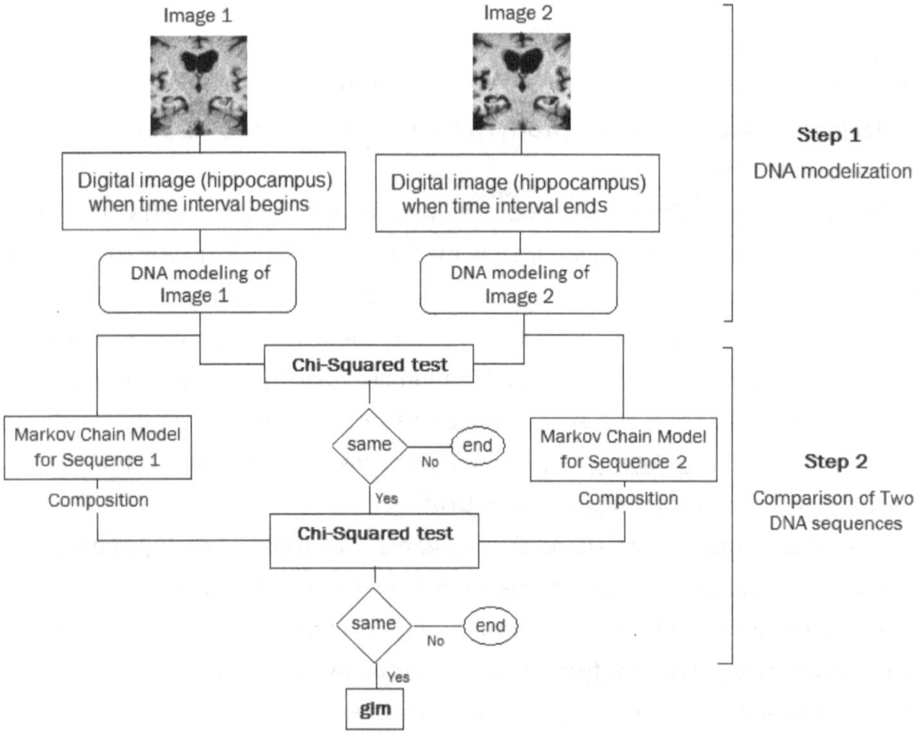

Figure 1: Flowchart of the method

4.1DNA Modelowanie obrazu cyfrowego

Obraz cyfrowy składa się z elementów obrazu. Każdy element obrazu jest zdefiniowany w strukturze danych za pomocą współrzędnych x i y. Jasność każdego piksela jest opisana wartością piksela. Wartość piksela dla obrazu w skali szarości to liczba z zakresu od 0 do 255. Wartość pikseli dla koloru czarnego wynosi zero, dla białego 255, a wartości pomiędzy nimi są szare. Mapa regionów odnosi się do dwuwymiarowej tablicy wartości pikseli. *Modelowanie DNA obrazu cyfrowego jest układem pozwalającym na przedstawienie liczby wartości pikseli i map pikseli jako sekwencji znaków.* Pierwsze podejście polega na zastąpieniu wartości pikseli obrazu cyfrowego czterema literami A, C, G i T, jak w rzeczywistych sekwencjach DNA. Tabela 1 przedstawia wartości dla wszystkich pikseli w skali szarości. Etap ten wykonywany jest z wykorzystaniem tabeli kodów kwartalnych z tabeli 1.

Quarter Code

[0]AAAA	[32]AGAA	[64]CAAA	[96]CGAA	[128]GAAA	[160]GGAA	[192]TAAA	[224]TGAA
[1]AAAC	[33]AGAC	[65]CAAC	[97]CGAC	[129]GAAC	[161]GGAC	[193]TAAC	[225]TGAC
[2]AAAG	[34]AGAG	[66]CAAG	[98]CGAG	[130]GAAG	[162]GGAG	[194]TAAG	[226]TGAG
[3]AAAT	[35]AGAT	[67]CAAT	[99]CGAT	[131]GAAT	[163]GGAT	[195]TAAT	[227]TGAT
[4]AACA	[36]AGCA	[68]CACA	[100]CGCA	[132]GACA	[164]GGCA	[196]TACA	[228]TGCA
[5]AACC	[37]AGCC	[69]CACC	[101]CGCC	[133]GACC	[165]GGCC	[197]TACC	[229]TGCC
[6]AACG	[38]AGCG	[70]CACG	[102]CGCG	[134]GACG	[166]GGCG	[198]TACG	[230]TGCG
[7]AACT	[39]AGCT	[71]CACT	[103]CGCT	[135]GACT	[167]GGCT	[199]TACT	[231]TGCT
[8]AAGA	[40]AGGA	[72]CAGA	[104]CGGA	[136]GAGA	[168]GGGA	[200]TAGA	[232]TGGA
[9]AAGC	[41]AGGC	[73]CAGC	[105]CGGC	[137]GAGC	[169]GGGC	[201]TAGC	[233]TGGC
[10]AAGG	[42]AGGG	[74]CAGG	[106]CGGG	[138]GAGG	[170]GGGG	[202]TAGG	[234]TGGG
[11]AAGT	[43]AGGT	[75]CAGT	[107]CGGT	[139]GAGT	[171]GGGT	[203]TAGT	[235]TGGT
[12]AATA	[44]AGTA	[76]CATA	[108]CGTA	[140]GATA	[172]GGTA	[204]TATA	[236]TGTA
[13]AATC	[45]AGTC	[77]CATC	[109]CGTC	[141]GATC	[173]GGTC	[205]TATC	[237]TGTC
[14]AATG	[46]AGTG	[78]CATG	[110]CGTG	[142]GATG	[174]GGTG	[206]TATG	[238]TGTG
[15]AATT	[47]AGTT	[79]CATT	[111]CGTT	[143]GATT	[175]GGTT	[207]TATT	[239]TGTT
[16]ACAA	[48]ATAA	[80]CCAA	[112]CTAA	[144]GCAA	[176]GTAA	[208]TCAA	[240]TTAA
[17]ACAC	[49]ATAC	[81]CCAC	[113]CTAC	[145]GCAC	[177]GTAC	[209]TCAC	[241]TTAC
[18]ACAG	[50]ATAG	[82]CCAG	[114]CTAG	[146]GCAG	[178]GTAG	[210]TCAG	[242]TTAG
[19]ACAT	[51]ATAT	[83]CCAT	[115]CTAT	[147]GCAT	[179]GTAT	[211]TCAT	[243]TTAT
[20]ACCA	[52]ATCA	[84]CCCA	[116]CTCA	[148]GCCA	[180]GTCA	[212]TCCA	[244]TTCA
[21]ACCC	[53]ATCC	[85]CCCC	[117]CTCC	[149]GCCC	[181]GTCC	[213]TCCC	[245]TTCC
[22]ACCG	[54]ATCG	[86]CCCG	[118]CTCG	[150]GCCG	[182]GTCG	[214]TCCG	[246]TTCG
[23]ACCT	[55]ATCT	[87]CCCT	[119]CTCT	[151]GCCT	[183]GTCT	[215]TCCT	[247]TTCT
[24]ACGA	[56]ATGA	[88]CCGA	[120]CTGA	[152]GCGA	[184]GTGA	[216]TCGA	[248]TTGA
[25]ACGC	[57]ATGC	[89]CCGC	[121]CTGC	[153]GCGC	[185]GTGC	[217]TCGC	[249]TTGC
[26]ACGG	[58]ATGG	[90]CCGG	[122]CTGG	[154]GCGG	[186]GTGG	[218]TCGG	[250]TTGG
[27]ACGT	[59]ATGT	[91]CCGT	[123]CTGT	[155]GCGT	[187]GTGT	[219]TCGT	[251]TTGT
[28]ACTA	[60]ATTA	[92]CCTA	[124]CTTA	[156]GCTA	[188]GTTA	[220]TCTA	[252]TTTA
[29]ACTC	[61]ATTC	[93]CCTC	[125]CTTC	[157]GCTC	[189]GTTC	[221]TCTC	[253]TTTC
[30]ACTG	[62]ATTG	[94]CCTG	[126]CTTG	[158]GCTG	[190]GTTG	[222]TCTG	[254]TTTG
[31]ACTT	[63]ATTT	[95]CCTT	[127]CTTT	[159]GCTT	[191]GTTT	[223]TCTT	[255]TTTT

Table 1: Pixel Values inside "[...]" are replaced by the string of letters.

4. 2D pośrednie kodowanie z czterema podstawami obrazu cyfrowego

Prosta technika dopasowywania polega na porównywaniu obrazów piksel po pikselu. Dlatego konwertujemy wartości pikseli na łańcuch znaków. Kod kwartalny to czteroliterowy kod utworzony z różnych kombinacji znaków A, C, G i T. (tabela 1) Liczba permutacji 4 liter wynosi 256. Dla 8-bitowego obrazu w skali szarości istnieje dokładnie 256 różnych intensywności, a więc permutacje czterech liter mogą wyświetlać 256 wartości skali szarości. Te permutacje mogą być również tworzone z kolorowego obrazu, może być zrobiony indywidualny zestaw kanałów czerwonego, zielonego i niebieskiego lub może być wykonana permutacja 3-D, przy czym trzy osie reprezentują kanały czerwony, niebieski i zielony oraz jasność w każdym punkcie reprezentują liczbę pikseli. Po tym procesie będziemy mieli listę znaków.

5 Porównanie obrazu w oparciu o wnioski z badań statystycznych

Po modelowaniu DNA obrazów medycznych i stworzeniu formatu DNA tych obrazów wykonywane są statystyczne metody wnioskowania w celu wykrycia procentowej proporcji podobieństwa w wirtualnych sekwencjach DNA. Easton V. i McColl J. twierdzą: "Statistical Inference wykorzystuje informacje z próby do wyciągnięcia wniosków (wniosków) na temat populacji, z której została ona pobrana. " [24] Na tym etapie test Chi-Squared jest wykonywany w celu uzyskania proporcji wyników podobieństwa między sekwencjami DNA. Procent podobieństwa jest określany testem Chi-Squared. Wartość testu Chi-Squared uzyskuje się poprzez wprowadzenie obserwowanych częstotliwości (liczba A, C, G i T) odpowiadających kombinacjom poziomów istotnych czynników (sekwencji DNA). Jeśli w obserwowanej komórce wpisana jest częstotliwość, wówczas należy również wpisać częstotliwość w odpowiedniej oczekiwanej komórce (i odwrotnie) [25]. W tym przypadku "komórka" jest opisana jako region danych. Obserwowana komórka pokazuje obserwowaną wartość i oczekiwaną wartość oczekiwaną komórki. W tej metodzie liczba komórek do obserwacji częstotliwości wejściowych wynosi cztery, ponieważ mamy cztery litery. W metodzie modelowania DNA liczba obserwowanych częstotliwości jest liczbą czterech liter (A, C, G, T).

5. 1Chi-Squared Test na niezależność Sekwencja dwóch dna

5.1.1 Porównanie dwóch sekwencji

Test Chi-Squared jest eksperymentem statystycznym powszechnie stosowanym do porównywania zaobserwowanych danych z danymi, których uzyskania oczekiwalibyśmy. Istnieje kilka typów testów Chi- Squared w zależności od sposobu zbierania danych. Jedną z metod jest Chi-Squared Test for Independence. Test służy do określenia, czy istnieje znaczący związek pomiędzy tymi dwoma zmiennymi. W tym badaniu mamy dwie sekwencje DNA nazwane jako Slice1 i Slice2.

Analizowanie danych z próbek

Do przeprowadzenia analizy statystycznej danej próbki należy znaleźć stopnie swobody, oczekiwane częstotliwości, statystykę testu oraz wartość P związaną ze statystyką testu.

Stopnie wolności: Stopień wolności (DF) jest równy:

$$DF = (r - 1) * (c - 1) \qquad [26]$$

gdzie r jest liczbą poziomów dla jednej zmiennej kategorycznej, a c jest liczbą poziomów dla drugiej zmiennej kategorycznej. W podejściu tego badania r jest liczbą wirtualnych sekwencji DNA (=2), a c jest liczbą liter (=4).

- Oczekiwane częstotliwości. Oczekiwane zliczenia częstotliwości są obliczane oddzielnie dla każdego poziomu jednej zmiennej kategorycznej na każdym poziomie drugiej zmiennej kategorycznej. Obliczyć r * c przewidywane częstotliwości, zgodnie z poniższym wzorem.

$$E_{r,c} = (n_r * nc) / n \qquad [26]$$

gdzie $E_{r,c}$ jest oczekiwaną częstotliwością dla poziomu *r* zmiennej A i poziomu *c* zmiennej B, liczba jest całkowitą liczbą obserwacji z próby na poziomie r zmiennej A, nc jest całkowitą liczbą obserwacji z próby na poziomie *c* zmiennej B, a n jest całkowitą liczebnością próby.

- Statystyki testowe. Statystyką testową jest chi-kwadratowa zmienna losowa (X2) zdefiniowana za pomocą następującego równania.

$$X2 = \Sigma [(O_{r,c} - E_{r,c})^2 / E_{r,c}] \qquad [26].$$

gdzie $O_{r,c}$ jest liczbą częstotliwości obserwowanych na poziomie *r* zmiennej A i na poziomie *c zmiennej* B, a $E_{r,c}$ jest oczekiwaną liczbą częstotliwości na poziomie *r* zmiennej A i na poziomie *c* zmiennej B.

- Wartość P. Wartość P jest prawdopodobieństwem obserwowania statystyki próby tak skrajnej jak statystyka badania [26].

Przykład 1:

Obrazek 1: zawierający trzy piksele, z wartościami: 6, 195 i 195.

Obrazek 2: zawierający trzy piksele, z wartościami: 54, 195 i 146.

Po wykonaniu modelowania DNA, formaty DNA z obrazka 1 i obrazka 2 są:

```
Sekwencja 1: aacgtaatgcaa

Sekwencja2: aatgcaatgcaa
```

Test Chi-Squared jest wykonywany dla dwóch sekwencji za pomocą R. Kod R dla tego testu jest przedstawiony w załączniku 1. (run 1) Wyniki przedstawiono w tabeli 2.

Wartość X-krotność	**df**	**p- wartość p**
0.8	3	0.8494

Tabela 2: Wyniki testu Chi-Squared dla dwóch sekwencji1 i Sekwencji2

W oparciu o test Chi-Squared, ponieważ X-squared = 0,8 i DF = 3 oraz wartość p = 0,8495, istnieją niezwykle mocne dowody na to, że sekwencje nie mogą być uznane za próbki z tego samego dyskretnego rozkładu, dlatego też dwie sekwencje nie są równe. To znaczy, że obrazy są inne.

Przykład 2:

W poniższym przykładzie pokazano, że dwa obrazy mogą mieć taką samą proporcję liczenia częstotliwości w wirtualnych sekwencjach DNA, ale w rzeczywistości są to różne obrazy.

Obrazek 1: zawierający trzy piksele, o wartościach 6, 195 i 144.

Obrazek 2: zawierający trzy piksele, o wartościach 14, 67 i 144.

Na podstawie modelowania DNA dwa obrazy są w formacie DNA:

```
Sekwencja 1: aacgtaatgcaa

Sekwencja 2: aatgcaacgtaa
```

Format R dwóch sekwencji znajduje się w załączniku 2.

Test Chi-Squared jest wykonywany dla tych dwóch sekwencji. Używany program R "run 2" znajduje się w załączniku. Wyniki przedstawione są w tabeli 3.

Wartość X-krotność	p- wartość p	df
0	3	1

***Tabela 3:* Wyniki testu Chi-Squared dla dwóch sekwencji1 i Sekwencji2**

Na podstawie definicji Chi-Squared, ponieważ X-squared = 0, DF = 3 i wartość p = 1, sekwencję można uznać za próbki z tego samego rozkładu dyskretnego i zakłada się, że te dwie sekwencje są równe. Ale wyraźnie widać, że dwa obrazy nie są równe.

Problem 1: Statystyki Chi-Squared są wykorzystywane do porównania rozkładu liczebności częstotliwości w różnych populacjach. Kompresja ta opiera się na rozkładzie zliczeń częstotliwości. Oznacza to, że jeśli X-Squared jest równe 0, a p równe 1, te dwie sekwencje powinny być takie same. Ale nie zawsze jest to prawdą, w niektórych przypadkach liczenie częstotliwości rozkłada się identycznie na dwie różne populacje. W tym przypadku dystrybucja listów jest identyczna, ale dystrybucja łańcuchów pierwszego rzędu Markova jest inna. W następnym rozdziale test Chi-Squared jest wykonywany na łańcuchach Markova pierwszego rzędu.

5.1.2 Porównanie dwóch łańcuchów pierwszego rzędu Markova

Łańcuch Markowa jest ciągiem zmiennych losowych, w którym wartość przyszłej zmiennej jest określana przez zmienną obecną, ale wartość ta jest niezależna od sposobu, w jaki stan obecny powstał od jej poprzedników [27]. Łańcuchy Markova są powszechnie stosowane w modelowaniu wielu praktycznych systemów, takich jak systemy kolejkowania, systemy biologiczne i systemy przetwarzania obrazu, i mogą być definiowane jako zmienne zamówienia. Słownik Cybernetyki i Systemów mówi: "Prawdopodobieństwa łańcucha Markova są zazwyczaj wprowadzane do macierzy przejściowej wskazującej, który stan lub symbol podąża za innym stanem lub symbolem. Kolejność łańcuchów Markova odpowiada liczbie stanów lub symboli, z których określa się prawdopodobieństwa dla następcy. Zwykle łańcuchy Markova są stanem ustalonym lub pierwszego rzędu. Wyższe rozkazy to historia określona " [28]. W tym badaniu, po modelowaniu wartości pikseli DNA w obrazach cyfrowych, konstruujemy Łańcuch Markowa Pierwszego Zakonu wirtualnych sekwencji DNA. Na podstawie tej kolejności obliczamy matrycę przejściową, która jest matrycą kwadratową i opisuje prawdopodobieństwa przejścia ze stanu do innego w układzie dynamicznym. Członkami macierzy przejścia są oczekiwane zliczenia częstotliwości w tabeli Chi-Squared. Metoda jest zilustrowana poprzednim przykładem (numer 2). W tym przykładzie dwa łańcuchy First Order Markov są klasyfikowane przez First_Order_Markov_Chain_Sequece1 oraz First_Order_Markov_Chain_Sequence2.

Przykład 3:

W poprzednim przykładzie dwie różne sekwencje mają taką samą proporcję liczenia częstotliwości.

Obrazek 1: zawierający trzy piksele 6, 195 i 144.

Obrazek 2: zawierający trzy piksele 14, 67 i 144.

Na podstawie modelowania DNA dwa obrazy są w formacie DNA:

```
Sekwencja 1: aacgtaatgcaa
```

```
Sekwencja 2: aatgcaatgcaa
```

Te dwie sekwencje są przedstawione w formacie R w dodatku 3.

Częstotliwość liczy się w Sekwencji 1 i Sekwencji 2:

```
> count(Sequence1,1)

a c g t

6 2 2 2

> count(Sequence2,1)

a c g t

6 2 2 2
```

Oznacza to, że dwie sekwencje mają dokładnie takie same liczby nukleotydów. Wynik Chi-Squared przedstawiony jest w tabeli 4. Patrz "Uruchom 3" dla programu R.

Wartość X-krotność p- wartość p	**df**	
0	3	1

Tabela 4: ***Wyniki testu Chi-Squared dla dwóch sekwencji1 i Sekwencji2***

Łańcuchy Markov pierwszego rzędu dla Sekwencji 1 i Sekwencji 2 są przedstawione w Załączniku 4.Przeprowadzimy test Chi-Squared dla dwóch łańcuchów Markov pierwszego rzędu. Używany program R, "uruchomić 4" i więcej wyjaśnień znajduje się w załączniku. Wyniki przedstawiono w tabeli 5.

Analiza tabeli odchylenia

Model: poisson, link: log

Reakcja: reakcja

Terminy dodawane kolejno (od pierwszego do ostatniego)

	Df	Deviance	Resid. Df	Resid. Dev	p(>|Chi|)
NULL			31	40.760	
aktualny	3	4.314	28	36.446	0.230
SynD	1	0.000	27	36.446	1.000
bieżące:po	12	29 542	15	6 904	0,003
current:SynD	3	0,000	12	6,904	1,000
current:following:SynD	12	6.904	0	3.694e-10	0.864

Tabela 5: Wyniki testu Chi-Squared dla dwóch łańcuchów Markov pierwszego rzędu, Sequence1 i Sequence2

W tym przykładzie pierwsze wartości z doświadczenia testowego Chi-Squared to X-squared = 0 i p-wartość = 1, ale w drugim eksperymencie Chi-Squared wartość p- wynosi 0,864, co oznacza, że istnieją bardzo mocne dowody na to, że zamówienia w łańcuchach Markova są różne w Sekwencji 1 i Sekwencji 2. Oznacza to, że sekwencja 1 i sekwencja 2 nie są do siebie podobne, a współczynnik zmienności jest równy 0,864, co jest wartością p-.

Problem 2: W poniższym przykładzie wartość p i Chi-Squared dla łańcuchów Markov pierwszego rzędu (dla dwóch sekwencji) są równe 1 i 0. Oznacza to, że dwie sekwencje są równe. Ale to nie jest prawda. Przykład 4 ilustruje ten problem.

Przykład 4:

Obrazek 1: zawierający trzy piksele 6, 195 i 144.

Obrazek 2: zawierający trzy piksele 14, 65 i 179.

Na podstawie modelowania DNA, format DNA tych dwóch obrazów jest:

`Sekwencja 1: aacgtaatgcaa`

`Sekwencja 2: aatgcaacgtaa`

Sekwencje w formacie R są przedstawione w załączniku 5.

Test Chi-Squared dla dwóch sekwencji. Używany program R, "run 5" znajduje się w załączniku.

Wartość X-krotność	p- wartość p	df
0	3	1

Tabela 6: ***Wyniki testu Chi-Squared dla dwóch Sekwencji1 i Sekwencji2***

Test Chi-Squared dla łańcucha Markova pierwszego rzędu. Używany program R, "run 6" znajduje się w załączniku.

Analiza tabeli odchylenia

Model: poisson, link: log

Reakcja: reakcja

Terminy dodawane kolejno (od pierwszego do ostatniego)

<table>
<tr><th></th><th>Df</th><th>Deviance</th><th>Resid. Df</th><th>Resid. Dev</th><th>P(>|Chi|)</th></tr>
<tr><td>NIEWAŻNE</td><td></td><td></td><td>31</td><td>29.6699</td><td></td></tr>
</table>

obecny	3	4,3139	28	25,3560	0,2295
SynD	1	0,0000	27	25,3560	1,0000
current:following	12	25.3560	15	2.873e-10	0.0132
current:SynD	3	0,0000	12	2,873e-10	1,00
current:following:SynD	12	0.0000	0	2.873e-10	1.0000

***Tabela** 7: **Wyniki testu Chi-squared dla dwóch łańcuchów Markov pierwszego rzędu dla Sekwencji** 1 **i Sekwencji** 2*

Jak widzimy, wartość p dla łańcucha Markov pierwszego rzędu jest równa 1, ale te dwie sekwencje nie są takie same. W tej sytuacji Generalized Linear Model jest szczególnie przydatny do wizualizacji rozkładu danych na wykresie.

5.1.3 Modele liniowe uogólnione

W oparciu o definicję ze Słownika Statystycznego "Ogólne (lub uogólnione) modele liniowe (glm), w przeciwieństwie do modeli liniowych, pozwalają opisać zarówno dodatnią, jak i niedodatnią zależność między zmienną zależną i niezależnymi od niej zmiennymi N" [27]. Uogólniony model liniowy jest modelem regresji. W tym badaniu zmienna zależna jest zbiorem pierwszego rzędu łańcucha Markova dwóch sekwencji DNA i nazywana jest "odpowiedzią". funkcja glm jest ogólną funkcją do konstruowania dopasowanego wykresu modelowego dla modelu glm reprezentującego prostą regresję logistyczną. Technika ta została włączona do języka statystycznego R, którego używamy do obserwacji rozkładu danych. Istnieją różne podtypy uogólnionych modeli liniowych. W niniejszym badaniu wykorzystujemy technikę ANOVA (Analysis of Variance) do porównywania danych zagnieżdżonych, ponieważ generalnie celem ANOVA jest zbadanie istotnych różnic pomiędzy środkami (StatSoft, oprogramowanie do analizy danych) [29], które wykorzystuje analizę sekwencji DNA. W części dotyczącej wyników eksperymentalnych wykres danych rzeczywistych zostanie wykreślony na podstawie drugiego rzędu łańcucha Markova. Na wykresie wiązów wyraźnie widać różnicę i różnice pomiędzy dwoma sekwencjami.

Przykład 5:

W poniższym przykładzie dwie różne sekwencje mają tę samą proporcję liczenia częstotliwości i to samo pierwsze zamówienie łańcucha Markov. W tym przykładzie pokazujemy, że w takich przypadkach test Chi-Squared nie określa różnic między dwoma sekwencjami, ale rozkład danych na wykresie wiązów wyraźnie pokazuje różnice między dwoma obrazami.

Format R dwóch sekwencji przedstawiono w załączniku 6.

Częstotliwość liczy się w Sekwencji 1 i Sekwencji 2:

```
zliczanie(Sekwencja1,1)

 a   c   g   t

141 124 248 136

zliczanie(Sekwencja2,1)

 a   c   g   t

141 124 248 136
```

Porównanie dwóch sekwencji

Test Chi-Squared dla dwóch sekwencji. Używany program R, "run 7" znajduje się w załączniku.

Wartość X-krotność	df	p- wartość p
0	3	1

Tabela 8:* *Wyniki testu Chi-Squared dla dwóch Sekwencji1 i Sekwencji2

Kwadrat X jest równy 0, a wartość p równa 1, oznacza to, że istnieją dowody na to, że sekwencje można uznać za próbki z tych samych rozkładów dyskretnych, a dwie sekwencje są takie same. Ponieważ nie jest to prawdą, powinniśmy zbadać ten eksperyment z dwoma łańcuchami Markova pierwszego rzędu.

Częstotliwość występowania dwóch słów nukleotydowych w Sekwencji 1 i Sekwencji 2 przedstawiona jest w załączniku 7.

Porównanie dwóch łańcuchów Markova pierwszego rzędu

Wyniki Chi-Squared znajdują się w tabeli 9. Patrz "Uruchom 8" dla programu R.

Analiza tabeli odchylenia

Model: poisson, link: log

Reakcja: reakcja

Terminy dodawane kolejno (od pierwszego do ostatniego)

	Df	Deviance	Resid. Df	Resid. Dev	P(>|Chi|)
NULL			31	241.04	
prąd	3	112,94	28	128,10	2,562e-24
SynD	1	5,684e-14	27	128,10	1,00
prąd:po	12	128,10	15	4,441e-14	1,484e-21
current:SynD	3	2.220e-15	12	4. 219e-14	1.00
current:following:SynD	12	1.776e-14	0	2.4 42e-1 4	1.00

Tabela 9: Wyniki testu Chi-squared dla dwóch łańcuchów Markova pierwszego rzędu dla dwóch sekwencji

W dwóch pierwszych kolejności metoda porównania łańcuchów Markova p-wartość jest jedna, oznacza to, że dwie sekwencje są takie same. Ale nie zawsze jest to prawdą (np. przykład 4). Dlatego używamy wykresu glm i poprzez obserwację rozkładu danych widzimy, że dwie sekwencje są takie same lub nie. Pakiet R MASS używany do tworzenia wykresów wiązek dla sekwencji 1 i 2, patrz "Uruchom 9" w załączniku dla programu.

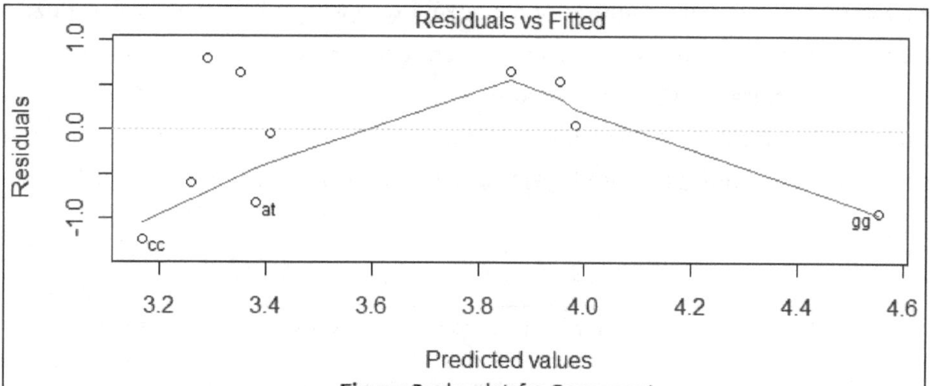

Figure 2: glm plot for Sequence1

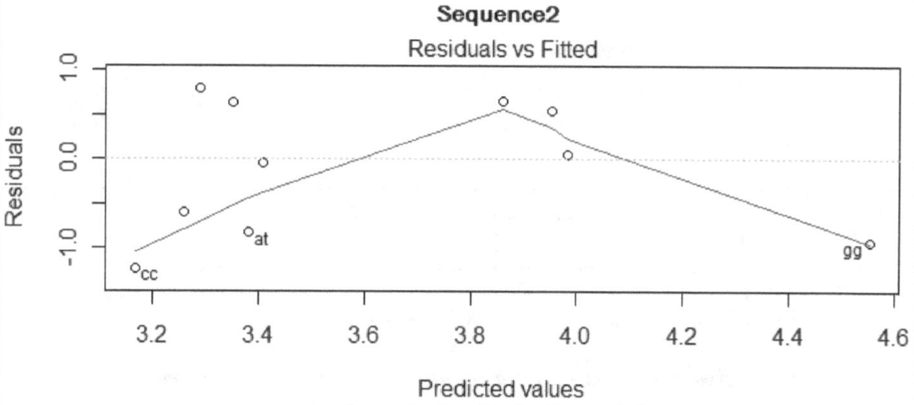

Figure 3: glm plot for Sequence2

W wynikach eksperymentalnych wykres danych rzeczywistych jest wykreślony na podstawie drugiego rzędu łańcucha Markova. Na podstawie pozycji kropki w dwóch wykresach, które mają te same wartości x i y, nie widzimy żadnych różnic pomiędzy tymi dwoma wykresami. Oznacza to, że istnieją dowody na to, że sekwencje te można uznać za próbki z tych samych rozkładów dyskretnych, a te dwie sekwencje są takie same. Jak kiedykolwiek kolejność liter różni się w sekwencjach. Oznacza to, że jeśli wartość p dla dwóch łańcuchów Markova pierwszego rzędu wynosi 1, to nawet działka wiązów nie jest wystarczająco dokładna do porównania sekwencji. Dlatego badamy ten przypadek z ogólnym wykresem X-Y R. Argumenty x i y oznaczają współrzędne x i y wykresu. Każdy rozsądny sposób określenia współrzędnych jest dopuszczalny [30]. W tym badaniu zbiór liter A, C, G i T są określone jako współrzędne y, a zbiór wirtualnego łańcucha DNA jako współrzędne x. Poniższe wątki jeden dla dwóch sekwencji. Używany program R jest "uruchomiony 10" z załącznika.

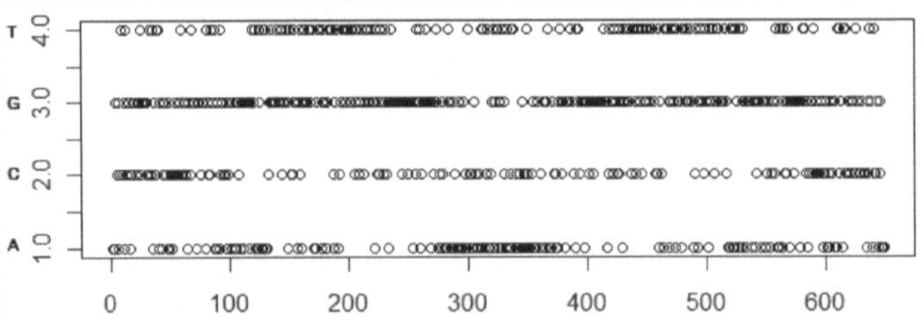

Figure 4: dot plot for Sequence 1

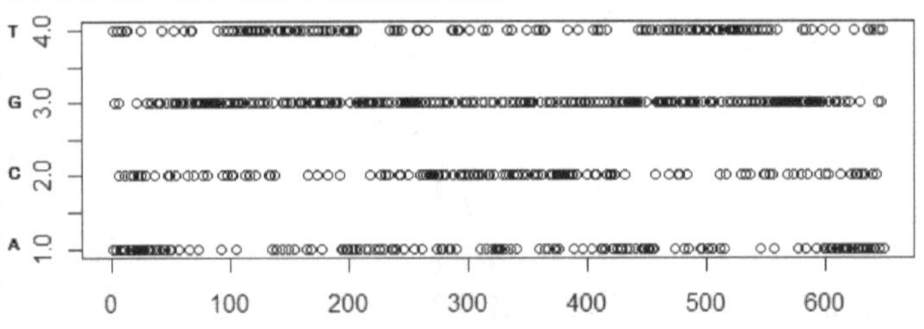

Figure 5: dot plot for Sequence 2

Jak widzimy, niektóre pozycje kropek na Rysunku 4 i Rysunku 5 nie pokazują tych samych wzorów. Stanowi to dowód na to, że zamówienia w sieciach Markov są różne w Sekwencji 1 i Sekwencji 2, a my dochodzimy do wniosku, że te dwa obrazy nie są takie same.

Dla większej ilości obserwacji powiększamy zakres 0 t0 100 z rysunków 4 i 5, patrz rysunki 6 i 7, program R "run 11" podany jest w załączniku.

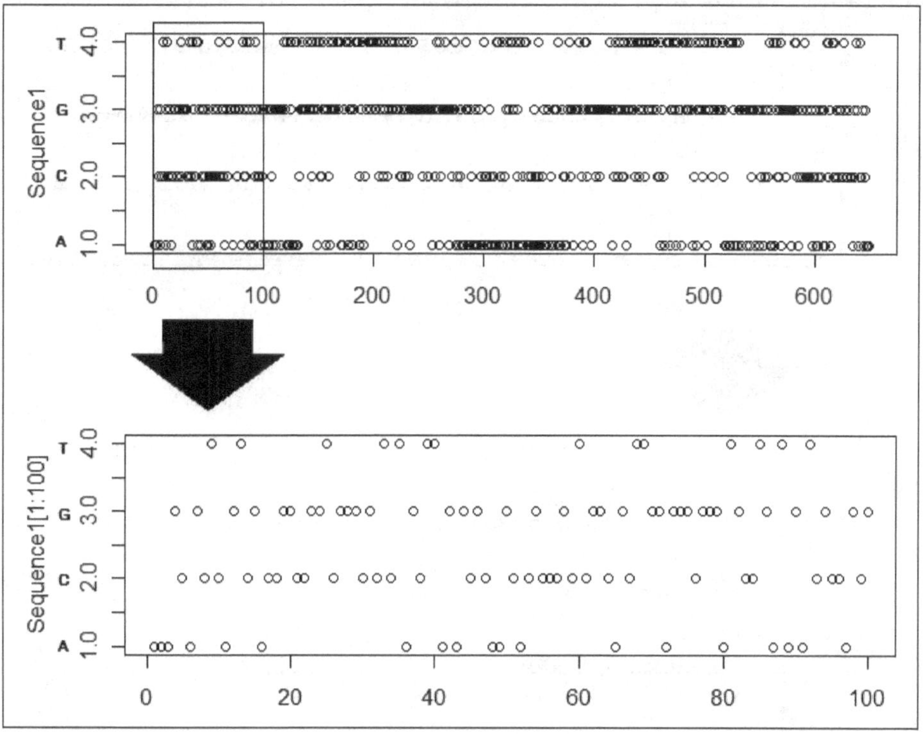

Figure 6: View of dot protraction.Position between 0 and 100

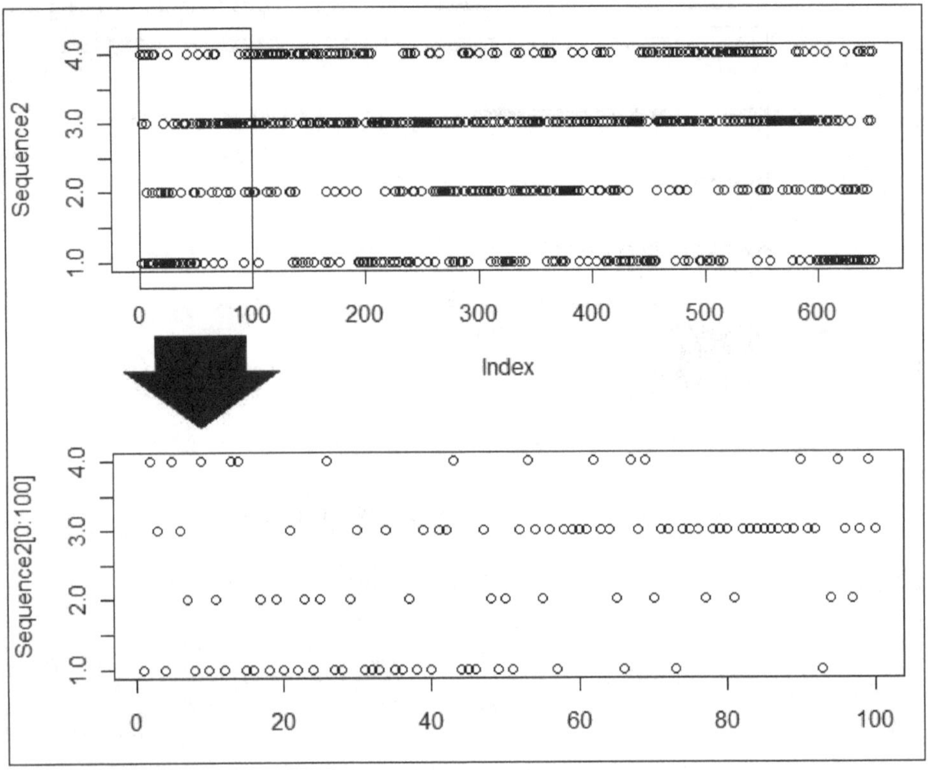

Figuer 7: View of dot protraction.Position between 0 and 100

6 Wyniki eksperymentu

6.1 Modelowanie DNA i wnioski statystyczne dotyczące dwóch obrazów hipokampionów

Przeprowadziliśmy eksperymenty z dwoma prawdziwymi obrazami hipokampu (mózgu). Zostały one podjęte na ten sam temat na różnych pozycjach czasowych, aby umożliwić ocenę stopnia zaawansowania choroby. W tym eksperymencie wybraliśmy dwa różne obrazy klatkowe z tej samej pozycji. Oznacza to, że kąt i transaxialność obrazów jest taka sama. Odstęp czasowy między dwoma tymi obrazami wynosi 2 lata i naszym zamiarem jest określenie zmian, jakie zaszły w tym odstępie czasu. Eksperyment rozpoczyna się od modelowania DNA obrazów MRI. Pierwszy obrazek nazywa się Slice1, a drugi Slice2, patrz rys. 6.1 .

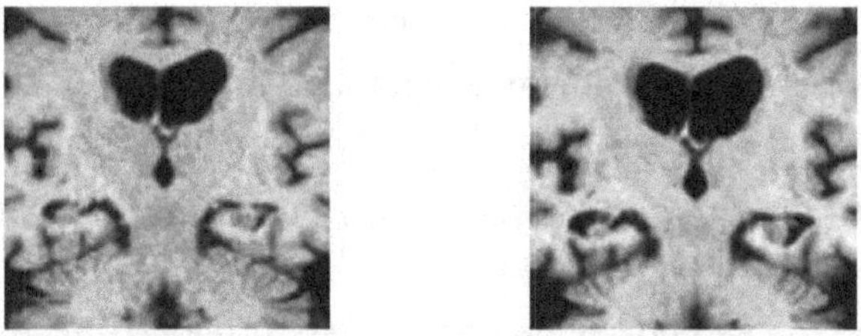

Plaster 1 Plaster 2

Rysunek 6.1: Szeregowy MRI, Dodając wymiar czasowy,
Odstęp czasowy między plasterkiem 1 a plasterkiem 2 wynosi 2 lata

Wyniki praktycznych eksperymentów z dwoma różnymi obrazami są przedstawione w tej części, aby pokazać nasze podejście.

Omówienie metody na Obrazie 1 i Obrazie 2:

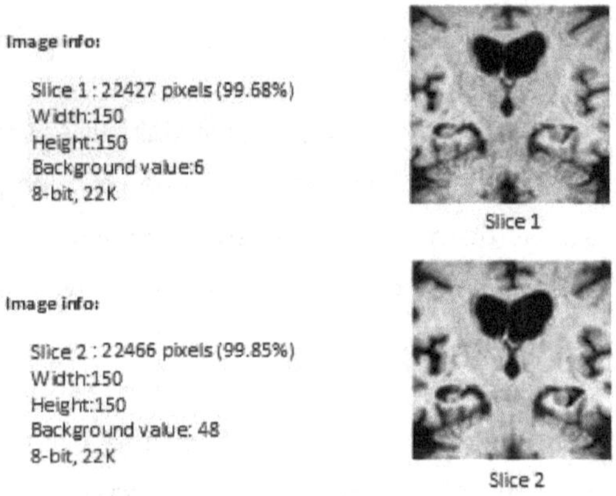

Tabela wartości pikseli na podstawie współrzędnych X i Y w plastrach 1 i 2 jest określona. W drugim etapie procesu modelowania DNA zastąpimy wszystkie wartości pikseli kodami kwartalnymi w oparciu o tabelę 1.

6.1.1 Statystyczne wnioski z porównania obrazów

Wnioski statystyczne są podzielone na trzy części: dopasowanie obrazu medycznego w oparciu o test Chi-kwadratowy, model Markova i wykres wiązów.

6.1.1.1 Medyczne dopasowanie obrazu w oparciu o statystyki Chi-Squared

Test Chi-squared jest eksperymentem statystycznym powszechnie stosowanym do porównywania zaobserwowanych danych. Aby pokazać nasze podejście porównawcze, wykorzystujemy sekwencje Slice 1.dna i Slice 2.dna uzyskane z poprzednich prac.

Najpierw policzymy liczbę nukleotydów 'A', 'C', 'G' i 'T' w dwóch sekwencjach. Dla programu R, "uruchomić 12", patrz załącznik.

Kawałek 1:

```
    a     c     g     t
22626 17320 26200 22405
```

Plaster 2:

```
    a     c     g     t
25654 18163 21518 23370
```

Do liczenia częstotliwości dwóch nukleotydów użyliśmy programu R, "run 12" pokazanego w załączniku.

Częstotliwości nukleotydów dla dwóch sekwencji są:

Plaster 1

```
        a         c         g         t
0.2555138 0.1955935 0.2958747 0.2530180
```

Plaster 2

```
        a         c         g         t
0.2892058 0.2047573 0.2425793 0.2634575
```

Wykonanie testu Chi-Squared dla Slice1 i Slice2. Użyliśmy programu R, "run 13", pokazanego w załączniku.

Wartość X-krotność	df	p- wartość p
707.53	11	< 2.2e-16

Tabela 10: Wyniki testu Chi-Squared dla dwóch sekwencji Slice1 i Slice2

Wniosek: X-kwadraty to 707,53 . Dlatego też istnieją dowody na to, że sekwencje te nie mogą być takie same. Więc obrazy muszą być inne.

Optymalizacja wyniku: Jak wyjaśniliśmy wcześniej, statystyki Chi-Squared są wykorzystywane do porównania rozkładu liczebności częstotliwości dwóch populacji. Porównanie to opiera się na rozkładzie zliczeń częstotliwości. W tym eksperymencie dwie sekwencje są różne, dlatego na podstawie wyjaśnienia na rysunku 1 zakończymy test Chi-Squared. Ale aby zoptymalizować wyniki, możemy przetestować Chi-Squared dla dwóch łańcuchów Markov pierwszego rzędu i działki wiązów, również.

6.1.1.2 Porównanie obrazu medycznego w oparciu o porównanie dwóch łańcuchów Pierwszego Zakonu Markova

Liczbę częstotliwości w pierwszym rzędzie łańcucha Markov dla Sclice1 i Slice2 przedstawiono w załączniku. Użyliśmy programu R, "run 12", pokazanego w załączniku. Matryce te pokazują częstotliwość występowania dwóch słów nukleotydowych w łańcuchu Markova pierwszego rzędu.
Następnie wykonujemy test Chi-Squared dla dwóch łańcuchów Markov pierwszego rzędu. Response", "current" i "following" są pozycjami używanymi do porównania dwóch sekwencji. W tym modelu R stosuje się metodę glm i anova. Używany program R, "run 14", jest w załączniku.

Analiza tabeli odchylenia

Model: poisson, link: log

Reakcja: reakcja

Terminy dodawane kolejno (od pierwszego do ostatniego)

	Df	Deviance	Resid. Df	Resid. Dev	P(>|Chi|)
NIEWAŻNE			31	13914,9	
prąd	3	2524,6	28	11390,3	0,0
MRI	1	0,1	27	11390,2	0,7

prąd: po	12	10091,7	15	1298,4	0,0
prąd:MRI	3	672,5	12	625,9	1,913e-145
aktualny: po :MRI	12	625,9	0	-3,637e-12	3,079e-126

Tabela 11: Wyniki testu Chi-Squared dla dwóch łańcuchów Markov pierwszego rzędu, dla Sekwencji Slice1 i Slice2

Wartość P wynosi 3,079e-126, co oznacza, że istnieją dowody na to, że zależność w modelach łańcuchowych Markova jest inna w MRI Slice1 i Slice2.

6.1.1.3 Medyczne dopasowanie obrazu w oparciu o ogólną linearność Modele (glm)

Uogólnione modele liniowe (glm) zostały włączone do języka statystycznego R w celu wdrożenia ich udoskonalenia w zakresie glm. Wykorzystujemy działkę glm do obserwacji rozmieszczenia dwóch sieci Markov pierwszego rzędu w Slice1 i Slice2. Używany program R, "run 14", jest w załączniku.

działka młynów i dwa łańcuchy Markova pierwszego rzędu

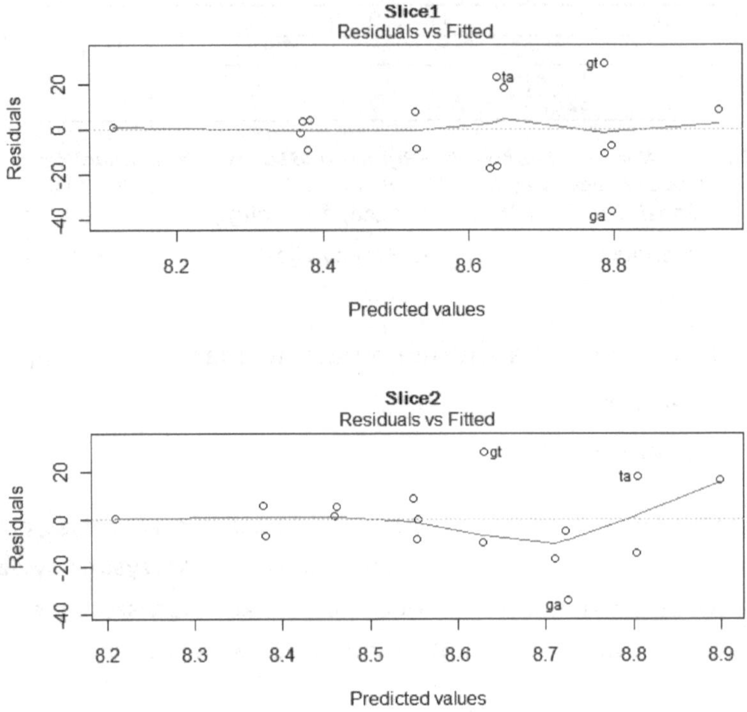

Figure 8: glm plot for two first order Markov chains

Wykres pokazuje, że dwie działki są różne. To znaczy, że dwie sekwencje są różne

6.2 Wyniki eksperymentu dotyczącego modelowania DNA i wnioski statystyczne na temat dwóch obrazów półkulistych

Wyniki praktycznych eksperymentów z dwoma różnymi obrazami są przedstawione w tej części, aby pokazać nasze podejście. Ten przykład jest przeglądem metody na dwóch zdjęciach. Pierwszy obraz MRI99T1R jest obrazem mózgu z transaxial 99 i drugi obraz jest obrazem mózgu MRI100T1R z transaxial 100. Źródłem obrazów jest: Atlas całego mózgu [31]

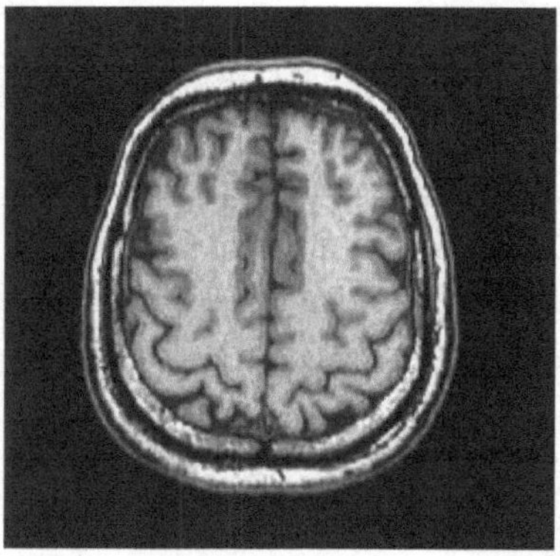

Fig. 6.1a: Brain-hemispheric, MRI-T1 MRI99T1R, 31781 pixels (48.12%)

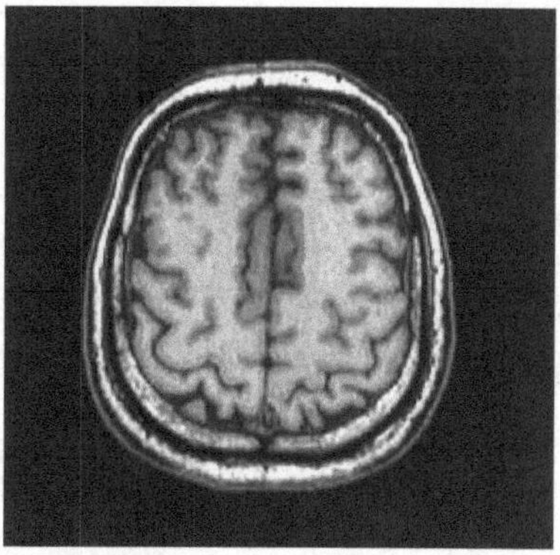

Fig. 6.2b: Brain-hemispheric, MRI-T1 MRI100T1R, 31001 pixels (46.94%)

Porównanie obrazów w oparciu o testy statystyczne zostało podsumowane w tabelach 12 i 13.

Używany program R, "uruchomić 15", jest w załączniku.

Wartość X-krotność	df	p- wartość p
49.1735	11	8.808e-07

Tabela 12: Wyniki testu Chi-Squared dla dwóch sekwencji MRI99T1R i MRI100TR

- **Porównanie dwóch obrazów MRI99T1R i MRI100T1R, na podstawie dwóch *sieci Markov pierwszego rzędu***

Używany program R, "run 16", jest w załączniku.

Analiza tabeli odchylenia

Model: poisson, link: log

Reakcja: reakcja

Terminy dodawane kolejno (od pierwszego do ostatniego)

	Df	**Deviance Resid.**	**Df**	**Resid. Dev**	**P(>|Chi|)**
NULL			**31**	**2847.10**	
bieżące	3	605,51	28	2241,58	6 426e-24
Zdjęcie	1	104,82	27	2136,76	1,335e-24
current:following	12	2040,9	15	96,28	0,0
Prąd:Obrazek	3	41,33	12	54,95	5,564e-09
bieżący: po Obrazek	12	54,95	0	3,260e-13	1,847e-07

Tabela 13:* *Wyniki testu Chi-squared dla dwóch łańcuchów Markov pierwszego rzędu dla MRI99T1R i MRI100T1R.

Wizualizacja dwóch zdjęć MRI99T1R i MRI100T1R, na podstawie wykresu *wiązki.*

Używany program R, "run 17", jest w załączniku.

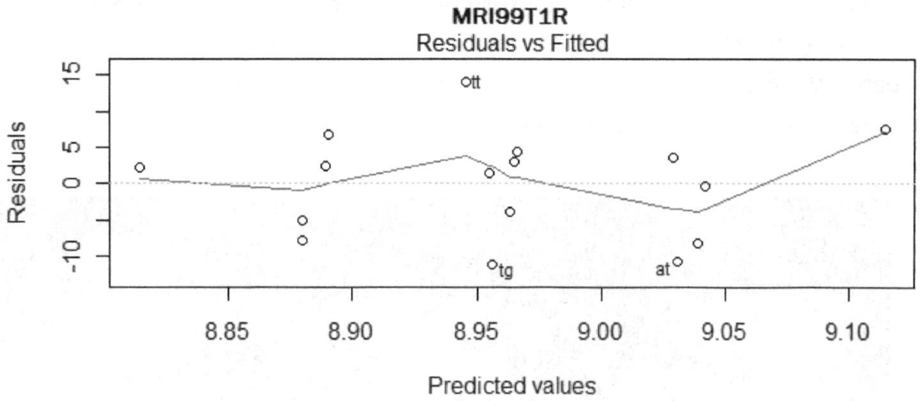

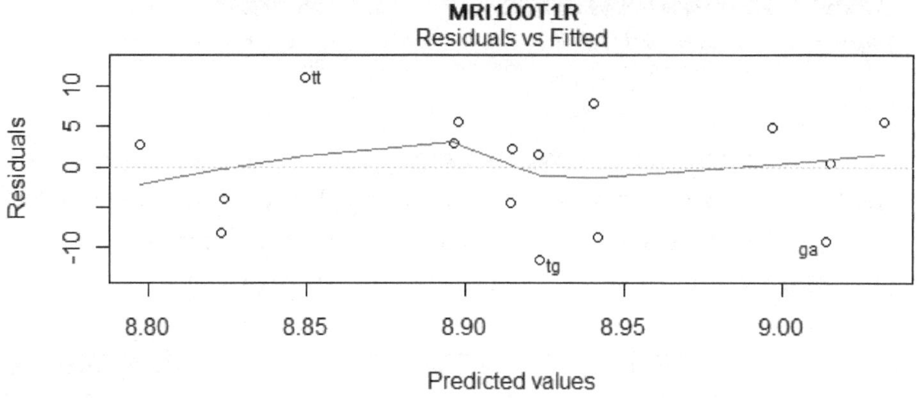

Wykres wyraźnie pokazuje, że te dwie działki z wiązami są różne. Dlatego też istnieje

dowód, że dystrybucja danych pomiędzy dwiema sieciami Markov pierwszego rzędu

są inne i obrazy są inne.

6.3 Wyniki eksperymentu dotyczącego modelowania DNA i wnioski statystyczne na temat trzech obrazów półkulistych

W tej części przedstawione są wyniki praktycznych eksperymentów z trzema różnymi obrazami. Są to obrazy MRI99T1R oraz MRI100T1R i MRI105T1R, patrz rys. 6.3a, rys. 6.3b i rys. 6.3c. Źródłem obrazów jest "Atlas całego mózgu", który jest dostępny online [31].

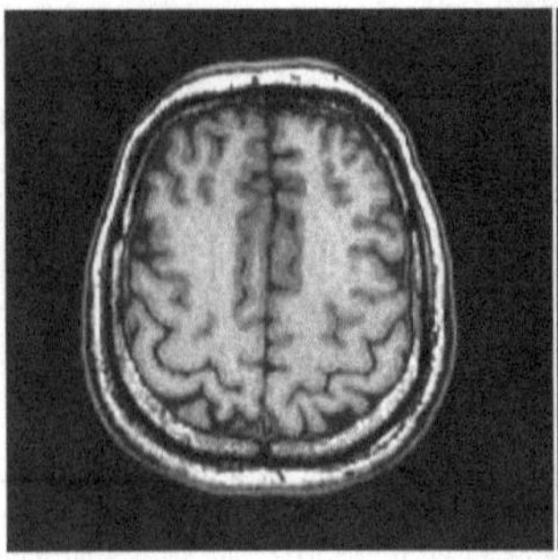

Fig. 6.3a: Brain-hemispheric, MRI-T1 MRI99T1, Transaxial # 99

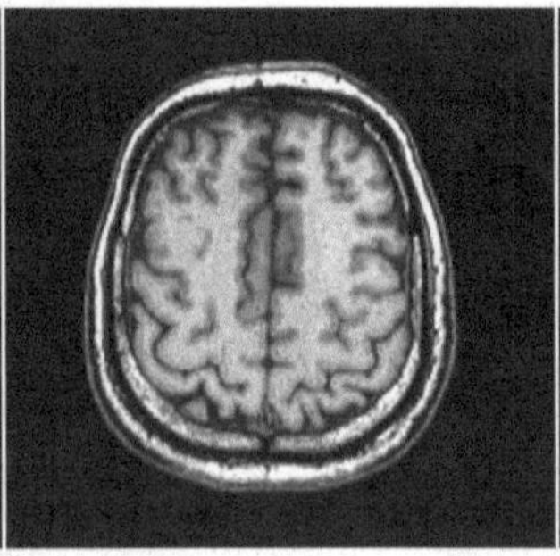

Fig. 6.3b: Brain-hemispheric, MRI-T1 MRI100T1, Transaxial # 100

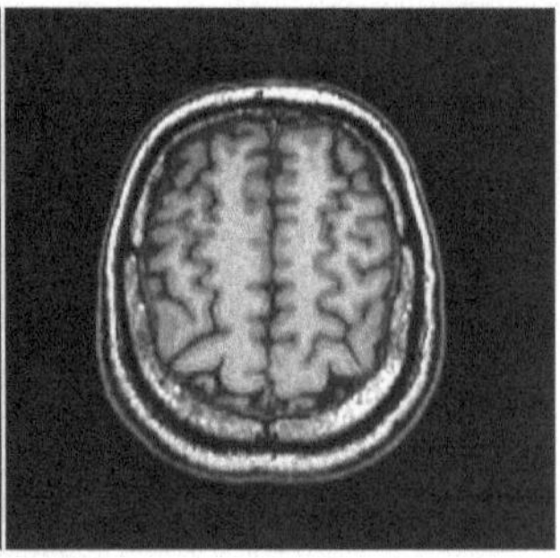

Fig. 6.3c: Brain-hemispheric, MRI-T1 MRI105T1, Transaxial # 105

Porównanie parami Chi-Squared, patrz tabela 14. W tej tabeli różnica między rys. 6.3a i rys. 6.3c jest większa niż różnica między rys. 6.3a i rys. 6.3b lub między rys. 6.3b i rys. 6.3c. Oznacza to, że najmniejsza wartość x-Squared (49,1735) wykazuje większe podobieństwo między obrazami.

Test Chi-Squared	x-Squared	wartość p- wartość
MRI99T1, MRI100T1	49.1735	8.808e-07
MRI99T1, MRI105T1	197.3811	< 2.2e-16
MRI100T1, MRI105T1	98.5535	3.452e-16

Tabela 14: Wyniki testu Chi-squared dla (MRI99T1,MRI100T1) i (MRI99T1,MRI105T1) oraz (MRI100T1,MRI105T1)

Porównanie trzech obrazów za pomocą łańcuchów Markove znajduje się w tabeli 15.

Test Chi-Squared	X-squared	wartość p- wartość	p- wartość dla łańcucha Markov pierwszego rzędu
MRI99T1,MRI100T1	49.1735	8.808e-07	1.847e-07

MRI99T1,MRI105T1	197.3811	< 2.2e-16	3.601e-43
MRI100T1,MRI105T1	98.5535	3.452e-16	7.611e-28

Tabela 15: Wyniki testu Chi-squared i dwa łańcuchy Markova pierwszego rzędu pomiędzy trzema obrazami

W tej tabeli widzimy, że tak długo, jak wzrasta kwarta X, wartość p dla łańcucha Markov pierwszego rzędu jest niższa. Innymi słowy, dopóki kropka X maleje, podobieństwo obrazów wzrasta.

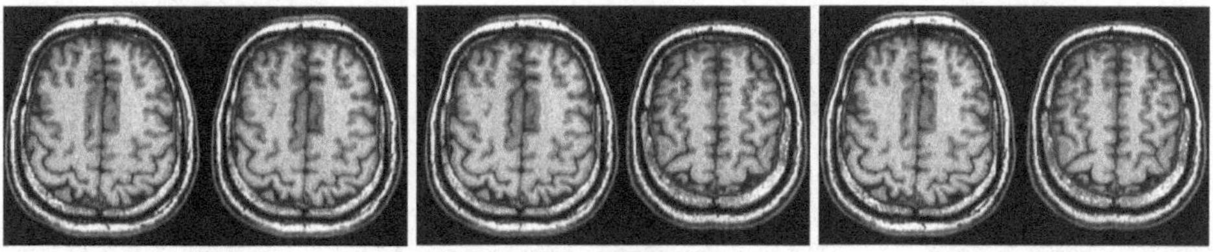

MRI99T1 & MRI100T1
X-squared: 49.1735
p-value (MC): 1.847e-07

MRI100T1 & MRI105T1
X-squared: 98.5535
p-value (MC): 3.452e-16

MRI99T1 & MRI105T1
X-squared:197.3811
p-value (MC): 3.601e-43

Poniżej przedstawiono wykres GLM dla trzech obrazów

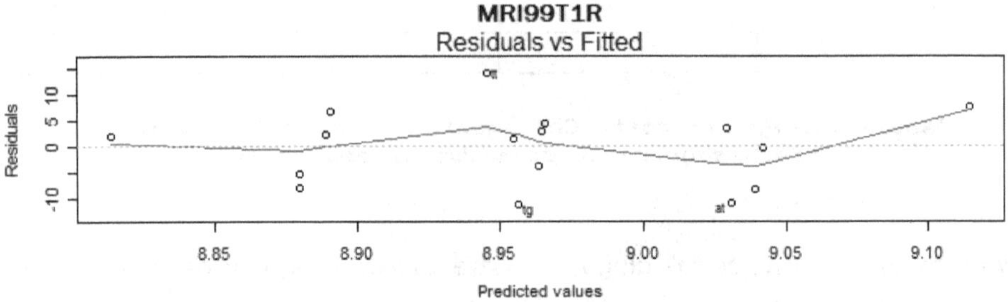

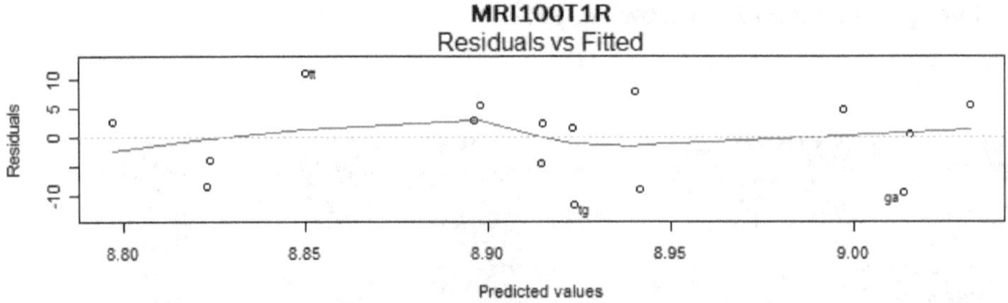

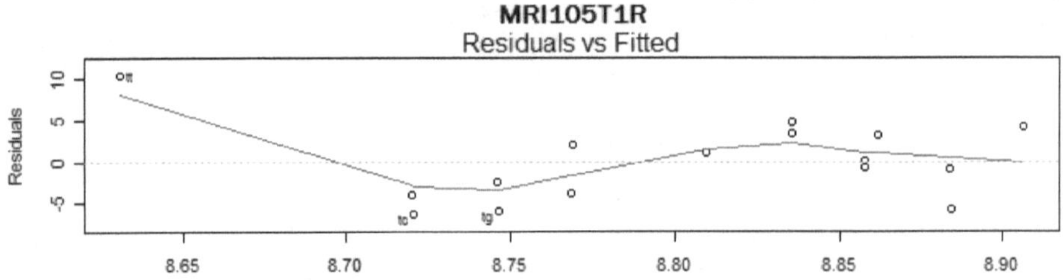

Wykres pokazuje, że trzy działki nie są takie same. Dlatego też istnieje dowód, że dystrybucja danych pomiędzy trzema sieciami Markov pierwszego rzędu

są inne i obrazy są inne.

7 Wniosek

Zaproponowaliśmy metodę testu Chi-Squared do porównania dwóch obrazów biomedycznych. Statystyki Chi-Squared zostały wykorzystane do porównania rozkładu liczebności częstotliwości w różnych populacjach. Porównanie to opiera się na rozkładzie zliczeń częstotliwości. Jeśli wynik testu równy X wynosi 0 i wartość p równa 1, obie sekwencje są podobne. Nie jest to jednak zawsze prawdą, ponieważ w niektórych przypadkach liczenie częstotliwości jest rozłożone identycznie na różne populacje. W tym przypadku dystrybucje są identyczne, ale dystrybucja łańcuchów pierwszego rzędu Markova może być inna. Dlatego dla odniesienia wyników i uzyskania pożądanych rezultatów wykonujemy test Chi-Squared w modelu łańcuchowym Markova, ponieważ model Markova pierwszego rzędu zapewnia lepsze dopasowanie do sekwencji DNA. Ale w niektórych przypadkach możliwe jest, że dwie sekwencje są nadal różne, chyba że test, że wartość p dla testu Chi-Squared z dwóch łańcuchów Markova pierwszego rzędu jest równa 1. W tej sytuacji parcele blaszek dają użyteczny sposób na wizualizację porównywanych sekwencji. W tym przypadku zbiór liter A, C, G i T są określone jako współrzędne y, a zbiór wirtualnego ciągu DNA jako współrzędne x.
Pożądany współczynnik dopasowania dla dwóch obrazów uzyskuje się poprzez wykonanie testu Chi-Squared w dwóch etapach:

1. Przeprowadzić test Chi-Squared, aby uzyskać wartość X-squared i p- wartość pomiędzy
   dwie wirtualne sekwencje formatu dna

2. Wykonaj test Chi-Squared, aby uzyskać wartość p między dwoma "pierwszym porządkiem".
   Łańcuch Markowa" dwóch wirtualnych sekwencji w formacie dna

Do wizualizacji różnic pomiędzy dwoma obrazami wykorzystujemy wykres glm. Wykres wiązów *jest najlepszą metodą, jeśli jądra Chi-Squared nie wykazują*

żadnych różnic między obrazami. Oznacza to, że działka z wiązami jest najlepszą metodą porównawczą w tym procesie.
Powinienem również wspomnieć, że istnieją pewne powody, dla których jeżeli system ten stanie w takiej samej sytuacji, system otrzyma komunikat o błędzie:

- Zdjęcia są 2D i DNA 1D
- Hałas zawsze przychodzi z różnicą
- Przez kompresję 0-255 do A, C, G i T znikają informacje jest dużo

Dlatego chciałem go przetestować, chociaż staram się znaleźć najskuteczniejsze rozwiązania problemów, o których już wspominałem.

8 Referencje

[1] Charras C. i Lecroq T. EXACT STRING MATCHING ALGORITHMS. http://www-igm.univ-mlv.fr/~lecroq/string/string.pdf (data uzyskania: 3 kwietnia 2010 r.).

[2] Tisdale, G.E., Peavey B. (1979) A digital scene matching technique for geometryczna korekcja obrazu i autonomiczna nawigacja. W swoim Sympozjum Mech./Estimation Theory Symp. strony 49-66

SpringerLink. 2009. Nowa, niezmienna w skali technika dopasowywania szablonów za pomocą hiper-przestrzennej reprezentacji obrazu. Analiza wzorów i aplikacje. Tom 12, Numer 3. Strony 201-214

[4] Frederic J.P. (2005). Badanie porównawcze technik dopasowania obrazu ptaków markowych i wariantów w zastosowaniu do mammografii. Listy z rozpoznaniem wzorca. Tom 26. Strony 1819-1829.

Williams M., Wilson R., Hancock E. (1997) Multiple graph matching with Bayesian inference. Listy z rozpoznaniem wzorca. Tom 18, numery 11-13. Strony 1275-1281.

[6] Valveny E., Marti E. (2000) Deformable Template Matching within a Bayesian Framework for Hand-Written Graphic Symbol Recognition. Uznanie graficzne Ostatnie postępy. Tom 1941/2000. Strony 193-208.

[7] Mumford D. Malik J., Geman D., Donoho D. (2005) MSRI. Matematyczne, obliczeniowe i statystyczne aspekty analizy obrazu.

Matematyczna Grupa Analizy Obrazu. http://www.mia.uni-saarland.de/index.shtml (data uzyskania dostępu: 4.04.2010).

[9] Linninger A., Somayaji M., Erickson T., Guo X., Penn R. (2008) Computational methods for predicting drug transport in anisotropic and heterogeneous brain tissue. Journal of Biomechanics. Tom 41. Strony 2176-2187.

[10] Wismuller A., Lange O., Dersch D., L. Gerda, Leinsinger, Hahn K., Putz B., Auer D. (2002) Cluster Analysis of Biomedical Image Time-Series. International Journal of Computer Vision. Tom 46. Strony 103-128

[11] Guo H., Rangarajan A., (2009) Diffeomorphic Point Matching with Applications in Biomedical Image Registration. Texas A&M University. Wydział Nauk Komputerowych. Uniwersytet Floryda. Wydział Informatyki i Informacji oraz Inżynierii.

[12] Gogate N., Giedd J., Janson K., Rapoport J. (2001) Obrazowanie mózgu w normalnym i nieprawidłowym rozwoju mózgu: nowe perspektywy dla psychiatrii dziecięcej. Badania kliniczne w dziedzinie neurobiologii. Tom 1. Strony 283-290

[13] Florea F., Barbu E., Rogozan A., Bensrhair A. (2006) Using texture-based symbolic features for medical image representation. icpr, Volume 2. Strony 946-949.

14] Aydar E., Yeo S., Djamgoz M., Palmer C. (2009) Abnormal expression, location and interaction of canonical transient receptor potential jon channels in human breast cancer cell lines and tissues: a potential target for breast cancer diagnosis and therapy. Cancer Cell International. Tom 9.

[15] Korzhevskii D.E., Lentsmam M.V., Gilyarov A.V., Kirik O.V., Vlasov T.D. (2008) Indukcja syntezy gniazd w komórkach mózgu szczurów przez uszkodzenia niedokrwienne. Neurotyczność i fizjologia behawioralna. Tom 38. Strony 139-143.

[16] Gierer A. (2004) Human Brain Evolution, Theories of Innovation, and Lessons from the History of Technology. Journal of Biosciences. Tom 29. Numer 3. Strony 235-244.

17] Rivera J. , Megias D., Navas C., Bravo J. (2009) Identification of Essential Sequences for Cellular Localization in BRMS1 Metastasis Suppressor. PLOS jeden. (Dziennik internetowy)

[18] Kuo CJ, Ling MH, Lin KT, Hsu CN. (2009) BIOADI: Machin learning approach to identifying abbreviations and definitions in biological literature. BMC Bioinformatics (online).

[19] Langer S, Bartholmai B. (2010) Imaging Informatics: Wyzwania w wielostanowiskowych próbach obrazowania. Journal of Digit Imaging. Springer New York (online) Tom 23.

[20] Chen G., Bao S., Xie Y. (2004) Medical Imaging Based Computer Aided Diagnosis. Diagnoza oparta na obrazie medycznym wspomagana komputerowo. Tom 21. Strony 22-29.

21] Sowell E., Thompson P., Tessner K., Toga A. (2001) Mapping continued brain growth and gray matter density reduction in dorsal frontal cortex: Inverse relationships during postadolescent bran maturation. Neuroscience. Nr 15. Strony 8819-29

[22] Mazziota J., Toga A., Frackowiak R. (2001) Brain Mapping: The Disorders. Brain Volume 124. Strony 1056-1058

[23] Elsevier B.V. (2009) MRI volumetry of the hippocampus: Wpływ grubości plasterka na tworzenie się objętości. Obrazowanie rezonansem magnetycznym. Tom 15. Strony 263-265.

Easton V., McColl J. Statistics Glossary. http://www.stats.gla.ac.uk/steps/glossary/index.html (dostęp: marzec 2010)

P.J. Kristopher. 2008. Interaktywne narzędzie do obliczania chi-square, służące do badania dobroci fit an independence. http://people.ku.edu/~preacher/chisq/chisq.htm (dostęp: marzec 2010).

StatTrek. AP*Statistics Tutorial: Test Chi-Square na niepodległość. http://stattrek.com/AP-Statistics-4/Independence.aspx?Tutorial=AP (dostęp uzyskano w marcu 2010 r.)

Słowniczek statystyczny. Markov Chain. http://www.statistics.com/resources/glossary/m/markovchain.php (dostęp uzyskano w marcu 2010 r.)

[28] Heylighen F., Joslyn C., Turchin V. (2001) Principat Cybernetica Web. URL= http://cleamc11.vub.ac.be/ASC/MARKOV_CHAIN.html (dostęp w kwietniu
4)

[29] StatSoft. Twórca STATYSTYKI. URL = http://www.statsoft.com/ (dostęp uzyskano 19 kwietnia)

[30] R Dokumentacja. Domyślna funkcja Scatterplot. http://stat.ethz.ch/R-manual/R-patched/library/graphics/html/plot.default.html (dostęp 5 kwietnia)

Johnson K., Becker J. Atlas całego mózgu. Harvard Medical School. http://www.med.harvard.edu/AANLIB/home.html (dostęp uzyskano w marcu 2010 r.)

[32] Maechler M. Analiza danych statystycznych http://stat.ethz.ch/R-manual/
(dostęp uzyskano w marcu 2010 r.)

[33] Leisch F. 2003 The R Foundation for Statistical Computing. http://www.r-project.org/foundation/main.html (dostęp uzyskano w marcu 2010 r.)

[34] Hayden R. 2006 Reading Tables into R. http://statland.org/R/tables4R.htm (dostęp uzyskano w marcu 2010 r.)

9 Dodatki

[1] Formaty R dla dwóch sekwencji są:

```
> Sequence1 = c("a", "a", "c", "g", "t", "a", "a", "t", "g", "c",
"a", "a")

> Sequence2 = c("a", "t", "c", "g", "t", "a", "a", "t", "g", "c",
"a", "g")
```

[2] Format R dla dwóch sekwencji są:

```
> Sequence1 = c("a", "a", "c", "g", "t", "a", "a", "t", "g", "c",
"a", "a")

> Sequence2 = c("a", "a", "t", "g", "c", "a", "a", "t", "g", "c",
"a", "a")
```

[3] Format R dla dwóch sekwencji są:

```
> Sequence1 = c("a", "a", "c", "g", "t", "a", "a", "t", "g", "c",
"a", "a")

> Sequence2 = c("a", "a", "t", "g", "c", "a", "a", "t", "g", "c",
"a", "a")
```

Łańcuch Markova pierwszego rzędu dla Sekcji 1 i 2.

Pierwsze zamówienie Łańcucha Markowa do Sekwencji 2:

```
aa ac ag at ca cc cg ct ga gc gt ta tc tg tt

 3 1  0 1  1 0  1 0  0 1  0 1  1 0  1 0
```

Pierwsze zamówienie Łańcucha Markowa do Sekwencji 2:

```
aa ac ag at ca cc cg ct ga gc gt ta tc tg tt

 3 0  0 2  2 0  0 0  0 2  0 0  0 0  2 0
```

[5] Sekwencje w formacie R.

```
Sekwencja 1 <- c("a", "a", "c", "g", "t", "a", "a", "t", "g", "c",
"a", "a")

Sekwencja 2 <- c('a','a','t','g','c','a','a','c','g','t','a','a')
```

[6] Format R dla dwóch sekwencji.

```
Sekwencja 1 <- c("a", "a", "a", "g", "c", "a", "g", "c", "t", "c", "a",
"g", "t", "c", "g", "a", "c", "c", "c", "g", "c", "t", "g", "g", "c",
"c", "g", "g", "c", "c", "a"... ,'a','a','a')

Sekwencja 2 <-
c('a','t','g','a','t','g','c','a','t','a','c','a','t','t','a','a','c','a'
,'c','a','g','a','c','a','c','t','a','a','c','g','a','a','a'... "g", "t",
"a")
```

[7] Dwa słowa nukleotydowe liczą się w Sekwencji 1 i Sekwencji 2:

```
> count(Sequence1,2)
aa ac ag at ca cc cg ct ga gc gt ta tc tg tt
30 31 54 25 31 18 52 23 54 52 86 56 25 23 56 32

> count(Sequence2,2)
aa ac ag at ca cc cg ct ga gc gt ta tc tg tt
30 31 54 25 31 18 52 23 54 52 86 56 25 23 56 32
```

Kody R do testu Chi-Squared dla dwóch wirtualnych łańcuchów DNA.

```
> chisq.test(rbind(table(Sequence1), table(Sequence2)))
```

```
        Pearson's Chi-squared test

dane: rbind(tabela(sekwencja1), tabela(sekwencja2))

X-squared = 0,8, df = 3, p- wartość = 0,8495

Komunikat ostrzegawczy:

W chisq.test(rbind(table(Sequence1), table(Sequence2))) :

 Wielokrotne przybliżenie może być nieprawidłowe
```

Na podstawie dokumentów R i opisów informacji R:

Chisq.test: wykonuje test Chi-Squared i goodness-of-fit jądra. [32]

rbind: to manipulowane sekwencje DNA w formacie Bit-Level. Łączy on również dwa obiekty według kolumn lub wierszy. [33]

Stolik: Zestaw danych z danymi surowymi i kolumnami. [34]

Kody R do testu Chi-Squared dla dwóch wirtualnych łańcuchów DNA.

```
> chisq.test(rbind(table(Sequence1), table(Sequence2)))

        Pearson's Chi-squared test

dane: rbind(tabela(sekwencja1), tabela(sekwencja2))

X-squared = 0, df = 3, p- wartość = 1

Komunikat ostrzegawczy:

W chisq.test(rbind(table(Sequence1), table(Sequence2))) :

 Wielokrotne przybliżenie może być nieprawidłowe
```

Kody R do testu Chi-Squared dla dwóch wirtualnych łańcuchów dna.

```
> chisq.test(rbind(table(Sequence1), table(Sequence2)))

        Pearson's Chi-squared test

dane: rbind(tabela(sekwencja1), tabela(sekwencja2))

X-squared = 0, df = 3, p- wartość = 1
```

Kody R do testu Chi-Squared dla dwóch łańcuchów Markova pierwszego rzędu.

```
> odpowiedź <- c(ciąg1,2), ciąg2,2))

> aktualny <- współczynnik (rep(c('a','c','g','t'),2,każdy = 4))

> po <- czynniku (rep(c('a','c','g','t'),8))

> SynD <- współczynnik (rep(c("sequence1", "sequence2"), każdy =
16))

> fM <- glm(response ~current + current/following + SynD +
SynD:current +

+ + SynD:prąd/przechodzący, rodzina = poisson)

> anova(fM, test = "Chisq")
```

"Response", "current", "following", SynD" i *"fM"* są zmiennymi. *"Response", "current"* i *"following"* są znakami techniki (anova, Analysis of Variance between groups). *ANOVA* korzysta z analizy sekwencji DNA.
"czynnik" to specjalne funkcje matematyki. Testuje on, czy dwa obiekty są (prawie) równe. (Informacje R)
"każdy" to funkcja do wykreślania grupowego przeciwko sobie. Oblicza ona medianę dla każdego rzędu w matrycy.
"fM" to funkcja służąca do wykreślenia wykresu kolorowego według danych wyrażenia.
"NULL" reprezentuje obiekt zerowy w R: jest to słowo zastrzeżone. (Informacje R)

Kody R dla testu Chi-Squared dla dwóch sekwencji.

```
> chisq.test(rbind(table(Sequence1), table(Sequence2)))

        Pearson's Chi-squared test

dane: rbind(tabela(sekwencja1), tabela(sekwencja2))

X-squared = 0, df = 3, p- wartość = 1

Komunikat ostrzegawczy:

W chisq.test(rbind(table(Sequence1), table(Sequence2))) :

 Wielokrotne przybliżenie może być nieprawidłowe
```

Kody R do testu Chi-Squared dla dwóch łańcuchów Markova pierwszego rzędu.

```
> odpowiedź <- c(ciąg1,2), ciąg2,2))

> aktualny <- współczynnik (rep(c('a','c','g','t'),2,każdy = 4))

> po <- czynniku (rep(c('a','c','g','t'),8))

> SynD <- współczynnik (rep(c("1","2"), każdy = 16))

> fM <- glm(response ~current + current/following + SynD +
SynD:current +

+ SynD:current/following, family = poisson)

> anova(fM, test = "Chisq")
```

Kody R dla testu Chi-Squared dla dwóch sekwencji.

```
> chisq.test(rbind(table(Sequence1), table(Sequence2)))

        Pearson's Chi-squared test
```

```
dane: rbind(tabela(sekwencja1), tabela(sekwencja2))

X-squared = 0, df = 3, p- wartość = 1
```

Kody R do testu Chi-Squared dla dwóch łańcuchów Markova pierwszego rzędu.

```
> odpowiedź <- c(ciąg1,2), ciąg2,2))
> aktualny <- współczynnik (rep(c('a','c','g','t'),2,każdy = 4))
> po <- czynniku (rep(c('a','c','g','t'),8))
> SynD <- współczynnik (rep(c("1","2"), każdy = 16))
> fM <- glm(response ~current + current/following + SynD + SynD:current +
SynD:current/follow, family = poisson)
> anova(fM, test = "Chisq")
```

[uruchomić 9] Kody R dla poleceń glm dla sekwencji 1 i sekwencji 2 R dla poleceń glm.

```
par(mfrow = c(2,1))
Sekwencja1 <-
c('a','a','a','g','c','a','g','c','t','c','a','g','t','c','g','a','c','c'
,'g','g','c','c','g','g','t','c','g','g','g','c','t','c','t','t','a','g',
'c','t',"t", "a", "g", "a", "g", "c", "g", "c", "a", "a", "g", "c", "a",
"c", "g", "c", "c", "c", "g", "c", "t", "c", "g", "g", "c", "g", "c",
"t", "t", "g", "g", "a", "g", "g", "g", "c", "g", "g", "g", "g", "a","t",
"g", "c", "c", "t", "g", "a", "t", "a", "g", "t", "c", "g", "c", "c",
"a", "g", "c", "g", "a", "g", "g", "a", "a", "g", "g", "c", "a", "g",
"g", "a", "g", "g", "g", "g", "a", "g", "t", "g","a", "t", "a", "a", "g",
"t", "a", "a", "t", "a", "a", "c", "g", "t", "g", "g", "g", "g", "t",
"t", "g", "g", "c", "t", "g", "g", "t", "a", "g", "t", "c", "c", "g",
"t", "g", "a", "g", "t", "c", "a","g", "g", "t", "g", "g", "t", "g", "t",
"a", "a", "g", "g", "g", "t", "a", "g", "t", "g", "a", "g", "t", "t",
"t", "t", "a", "c", "g", "t", "a", "c", "c", "g", "t", "t", "t", "g",
"t", "t", "g","g", "t", "t", "c", "g", "t", "t", "c", "g", "t", "c", "g",
"t", "g", "t", "g", "t", "g", "a", "g", "t", "c", "c", "g", "t", "g",
"c", "g", "t", "c", "a", "g", "g", "t", "g", "g", "g", "g", "g","g", "g",
"c", "g", "g", "c", "g", "g", "g", "a", "g", "g", "c", "t", "g", "t",
"a", "c", "g", "g", "t", "g", "g", "g", "a", "g", "c", "g", "g", "c",
```

```
"c", "a", "c", "g", "a", "a", "a", "a", "t","g", "g", "a", "g", "a", "c",
"a", "g", "a", "a", "g", "c", "a", "a", "t", "c", "a", "c", "a", "c",
"g", "a", "c", "a", "c", "a", "a", "t", "t", "a", "c", "a", "t", "a",
"c", "g", "t", "a", "g",
"t",a','t','g','a','t','g','c','a','t','a','c','a','t','t','a','a','c','a
','c','a','g','a','c','a','c','t','a','a','c','g','a','a','g','a','a','a'
,'c','a','g','a',"g", "g", "t", "a", "a", "g", "c", "a", "c", "a", "g",
"t", "g", "c", "g", "a", "g", "g", "g", "g", "t", "g", "g", "c", "a",
"t", "g", "t", "c", "g", "a", "g", "g", "g", "g", "c", "g", "g", "g",
"g", "c","g", "g", "g", "g", "g", "g", "g", "t", "g", "g", "a", "c", "t",
"g", "c", "g", "t", "g", "c", "c", "t", "g", "a", "g", "t", "g", "t",
"t", "g", "c", "t", "t", "g", "c", "t", "t", "g", "c","t", "t", "g", "g",
"t", "t", "g", "t", "t", "g", "c", "c", "a", "t", "g", "c", "a", "t",
"t", "t", "t", "g", "a", "g", "t", "g", "a", "t", "t", "g", "a", "a",
"t", "t", "t", "g", "t", "g", "g", "t","g", "g", "a", "c", "t", "g", "a",
"g", "t", "g", "c", "c", "t", "g", "a", "t", "g", "t", "c", "g", "g",
"t", "g", "g", "g", "g", "t", "g", "c", "a", "a", "t", "t", "a", "a",
"t", "g",
"a",a','t','a','g','t','g','a','g','g','g','a','g','g','a','c','g','g','a
','a','a','g','g','a','g','c','a','c','c','g','c','t','a','g','a','t','a'
,'g','t','c','c',"g", "t", "a", "g", "g", "c", "g", "g", "g", "a", "g",
"g", "t", "t", "c", "g", "a", "c", "g", "g", "c", "t", "c", "g", "c",
"c", "c", "g", "c", "a", "c", "g", "a", "c", "g", "c", "g", "a",
"g",a','t','t','c','g','a','t','c','t','c','g','c','g','g','c','t','g','g
','c','c','g','g','c','c','c','c','t','g','a','c','t','c','c','g','a','c'
,'g','a','a','a','a')

odpowiedź <- count(Sekwencja 1,2)
bieżący <- współczynnik (rep(c('a','c','g','t'), każdy = 4))
po <- czynniku (rep(c('a','c','g','t'),4))

fM <- glm(response ~ current + current/following, family = poisson)
anova(fM, test = "Chisq")

fM <- glm(response ~ current + following, family = poisson)

działka (fM, która = 1)
```

```
Sekwencja2 <- c("a", "t", "g", "a", "t", "g", "c", "a", "t", "c", "a",
"t", "t", "a", "a", "c", "a", "c", "a", "g", "a", "c", "a", "c", "t",
"a", "a", "c", "g", "a", "a", "g", "a", "a", "a", "c", "a", "g","a", "g",
"g", "t", "a", "a", "g", "c", "a", "c", "a", "g", "t", "g", "c", "g",
"a", "g", "g", "g", "g", "t", "g", "g", "c", "a", "t", "g", "t", "c",
"g", "g", "a", "g", "g", "g", "c", "g", "g", "g", "g","c", "g", "g", "g",
"g", "g", "g", "g", "t", "g", "g", "a", "c", "t", "g", "c", "g", "t",
"g", "c", "c", "t", "g", "a", "g", "t", "g", "t", "t", "g", "c", "t",
"t", "g", "c", "t", "t", "t", "g","c", "t", "t", "g", "g", "t", "t", "t",
"t", "t", "g", "c", "c", "a", "t", "g", "c", "a", "t", "t", "t", "t",
"g", "a", "g", "t", "g", "a", "t", "t", "g", "g", "a", "a", "t", "t",
"g", "t", "g", "g", "g","t", "g", "g", "a", "c", "t", "g", "a", "g", "t",
"c", "c", "c", "t", "g", "a", "t", "g", "g", "t", "c", "g", "t", "t",
"g", "g", "g", "g", "t", "g", "c", "a", "a", "t", "t", "a", "t", "g","a",
"a", "t", "a", "g", "t", "g", "a", "g", "g", "g", "a", "g", "g", "a",
"c", "g", "g", "a", "a", "g", "g", "a", "g", "c", "g", "a", "c", "c",
"c", "t", "a", "g", "a", "t", "a", "g", "t", "c","c", "g", "t", "a", "g",
"g", "c", "g", "g", "g", "a", "g", "g", "t", "t", "c", "g", "a", "c",
"g", "g", "c", "t", "c", "g", "c", "c", "c", "g", "c", "a", "c", "g",
"a", "a", "c", "g", "c", "g", "g", "a","g", "a", "t", "t", "c", "g", "a",
"t", "c", "c", "g", "c", "g", "g", "g", "c", "t", "g", "g", "c", "c",
"g", "g", "c", "c", "a", "g", "c", "t", "g", "a", "c", "t", "c", "g",
"a", "c", "g", "a", "a","a", "a", "a", "g", "c", "a", "g", "c", "t", "c",
"a", "g", "t", "c", "g", "a", "c", "c", "g", "g", "c", "c", "g", "t",
"c", "g", "g", "c", "g", "c", "t", "c", "t", "a", "g", "c", "t",
"t",a','g','a','g','c','g','c','a','a','g','c','a','c','g','c','c','c','g
','c','t','c','g','g','c','a','g','c','t','t','g','g','g','g','g','c','g'
,'g','g','g','a','t',"g", "c", "c", "t", "g", "a", "t", "g", "a", "t",
"c", "g", "c", "c", "a", "g", "c", "g", "a", "g", "g", "a", "g", "g",
"c", "a", "g", "g", "a", "g", "g", "g", "g", "a", "g", "t", "g", "a","t",
"a", "a", "g", "t", "a", "a", "t", "a", "a", "c", "g", "t", "g", "g",
"g", "g", "t", "t", "g", "g", "c", "t", "g", "g", "t", "a", "g", "t",
"c", "c", "g", "t", "g", "a", "g", "t", "c", "a", "g","g", "t", "g", "g",
"t", "g", "t", "a", "a", "g", "g", "t", "t", "a", "g", "t", "g", "a",
"g", "t", "t", "t", "a", "c", "g", "t", "a", "c", "c", "g", "t", "t",
"t", "g", "t", "t", "g", "g", "g","t", "t", "c", "g", "t", "t", "c", "g",
```

```
"t", "c", "g", "t", "g", "t", "g", "t", "g", "a", "g", "t", "c", "c",
"g", "t", "g", "c", "g", "t", "c", "a", "g", "g", "t", "g", "g", "g",
"g", "g","g", "c", "g", "g", "c", "g", "g", "g", "a", "g", "g", "c", "t",
"g", "t", "a", "c", "g", "g", "t", "g", "g", "g", "g", "a", "g", "c",
"g", "t", "g", "a", "c", "a", "c", "g", "a", "a", "t",
"g",g','a','g','a','c','a','a','g','a','a','g','c','a','a','t','c','a','c
','a','g','a','c','a','c','a','a','t','t','a','c','a','t','a','c','g','t'
,'a','g','t','a')

odpowiedź <- count(Sekwencja 2,2)
bieżący <- współczynnik (rep(c('a','c','g','t'), każdy = 4))
po <- czynniku (rep(c('a','c','g','t'),4))

fM <- glm(response ~ current + current/following, family = poisson)
anova(fM, test = "Chisq")

fM <- glm(response ~ current + following, family = poisson)

działka (fM, która = 1)
```

"Który" to zbiór danych, który zawiera długości ludzkich chromosomów.

[uruchomić 10] Kody R dla wykresu x-Y zestawu A, C, G i T definiuje się jako 1,2,3 i 4. (Ramki nie są zakodowane)

```
> Sequence1 <-
c(1,1,1,3,2,1,3,2,4,2,1,3,4,2,3,1,2,2,3,3,2,2,3,3,4,2,3,3,3,2,3,2,
4,2,4,1,3,2,4,4,1,3,1,3,2,3,2,1,1,3,2,1,2,3,2,2,2,3,2,4,2,3,3,2,1,
3,2,4,4,3,3,1,3,3,3,2,3,3,3,1,4,3,2,2,4,3,1,4,1,3,1,4,2,3,2,2,1,3,
2,3,1,3,3,1,1,3,3,2,1,3,3,1,3,3,3,3,1,3,4,3,1,4,1,1,3,4,1,1,4,4,1,
1,2,3,4,3,3,3,3,4,4,3,3,2,4,3,3,4,1,3,4,2,2,3,4,3,1,3,4,2,1,3,3,4,
3,3,4,3,4,4,1,1,3,3,4,4,1,3,4,3,1,3,4,4,4,4,1,2,3,4,1,2,2,3,4,4,4,
3,4,4,3,3,4,4,2,3,4,4,2,3,4,4,2,3,4,3,4,3,4,3,1,3,4,2,2,3,4,3,2,3,
4,2,1,3,3,4,3,3,3,3,3,3,3,3,2,3,3,3,2,3,3,3,1,3,3,2,4,3,4,1,2,3,3,
4,3,3,3,3,1,3,2,3,4,3,1,2,1,2,3,1,1,1,4,3,3,1,3,1,2,1,1,3,1,1,1,3,
2,1,1,4,2,1,2,1,3,1,2,1,2,1,1,4,4,1,2,1,4,1,2,3,4,1,3,4,1,4,3,1,4,
```

```
3,2,1,4,1,2,1,4,4,1,1,2,1,2,1,3,1,2,1,2,4,1,1,2,3,1,1,1,3,1,1,2,1,
3,1,3,3,4,1,1,1,3,2,1,2,1,3,4,3,2,3,1,3,3,3,3,4,3,3,2,1,4,3,4,2,3,
3,1,3,3,3,2,3,3,3,2,3,3,3,3,3,3,3,3,4,3,3,1,2,4,3,2,3,4,3,2,2,4,3,
1,3,4,3,4,3,4,3,2,4,4,3,2,4,4,3,2,4,4,3,3,4,4,3,4,4,4,3,2,2,1,4,3,
2,1,4,4,4,4,3,1,3,4,3,1,4,4,3,3,1,1,4,4,3,4,3,3,4,3,3,1,2,4,3,1,3,
4,3,2,2,4,3,1,4,3,3,4,2,3,3,4,4,3,3,3,3,4,3,2,1,1,4,4,1,1,4,3,1,1,
4,1,3,4,3,1,3,3,3,3,1,3,3,1,2,3,3,1,1,3,3,1,3,2,3,1,2,2,3,2,4,1,3,
1,4,1,3,4,2,2,3,4,1,3,3,3,2,3,3,3,1,3,3,4,4,2,3,1,2,3,3,2,4,2,3,2,
2,2,3,2,1,2,3,1,1,2,3,2,3,1,3,1,4,4,2,3,1,4,2,4,2,3,2,3,3,3,2,4,3,
3,2,2,3,3,2,2,1,3,2,4,3,1,2,4,2,3,1,2,3,1,1,1)
> par(mfrow = c(2,1))
> działka(Sekwencja1)

Sekwencja2 <-
c(1,4,3,1,4,3,2,1,4,1,2,1,4,4,1,1,2,1,2,1,3,1,2,1,2,4,1,1,2,3,1,1,
1,3,1,1,2,1,3,1,3,3,4,1,1,1,3,2,1,2,1,3,4,3,2,3,1,3,3,3,3,4,3,3,2,
1,4,3,4,2,3,3,1,3,3,3,2,3,3,3,2,3,3,3,3,3,3,3,3,4,3,3,1,2,4,3,2,3,
4,3,2,2,4,3,1,3,4,3,4,3,4,3,2,4,4,3,2,4,4,3,2,4,4,3,3,4,4,3,4,4,4,
3,2,2,1,4,3,2,1,4,4,4,4,3,1,3,4,3,1,4,4,3,3,1,1,4,4,3,4,3,3,4,3,3,
1,2,4,3,1,3,4,3,2,2,4,3,1,4,3,3,4,2,3,3,4,4,3,3,3,3,4,3,2,1,1,4,4,
1,1,4,3,1,1,4,1,3,4,3,1,3,3,3,3,1,3,3,1,2,3,3,1,1,3,3,1,3,2,3,1,2,
2,3,2,4,1,3,1,4,1,3,4,2,2,3,4,1,3,3,3,2,3,3,3,1,3,3,4,4,2,3,1,2,3,
3,2,4,2,3,2,2,2,3,2,1,2,3,1,1,2,3,2,3,1,3,1,4,4,2,3,1,4,2,4,2,3,2,
3,3,3,2,4,3,3,2,2,3,3,2,2,1,3,2,4,3,1,2,4,2,3,1,2,3,1,1,1,1,1,3,2,
1,3,2,4,2,1,3,4,2,3,1,2,2,3,3,2,2,3,3,4,2,3,3,3,2,3,2,4,2,4,1,3,2,
4,4,1,3,1,3,2,3,2,1,1,3,2,1,2,3,2,2,2,3,2,4,2,3,3,2,1,3,2,4,4,3,3,
1,3,3,3,2,3,3,3,1,4,3,2,2,4,3,1,4,1,3,1,4,2,3,2,2,1,3,2,3,1,3,3,1,
1,3,3,2,1,3,3,1,3,3,3,3,1,3,4,3,1,4,1,1,3,4,1,1,4,4,1,1,2,3,4,3,3,
3,3,4,4,3,3,2,4,3,3,4,1,3,4,2,2,3,4,3,1,3,4,2,1,3,3,4,3,3,4,3,4,4,
1,1,3,3,4,4,1,3,4,3,1,3,4,4,4,4,1,2,3,4,1,2,2,3,4,4,4,3,4,4,3,3,4,
4,2,3,4,4,2,3,4,4,2,3,4,3,4,3,4,3,1,3,4,2,2,3,4,3,2,3,4,2,1,3,3,4,
3,3,3,3,3,3,3,3,2,3,3,3,2,3,3,3,1,3,3,2,4,3,4,1,2,3,3,4,3,3,3,3,1,
3,2,3,4,3,1,2,1,2,3,1,1,1,4,3,3,1,3,1,2,1,1,3,1,1,1,3,2,1,1,4,2,1,
2,1,3,1,2,1,2,1,1,4,4,1,2,1,4,1,2,3,4,1,3,4,1)
```

```
> działka(Sekwencja2)
```

[run 11] Kody R dla wykresu X-Y R dla wydłużenia wykresu. Zestaw A, C, G i T definiuje się jako 1, 2, 3 i 4. (Ramki nie są zakodowane)

```
działka(Sekwencja1[1:100])
działka(Sekwencja2[1:100])
```

[uruchomić 12] Kody R do obliczania częstotliwości liter.

```
> count(Slice1,1)

> count(Slice2,1)

> count(Slice1,1, freq = TRUE)
> count(Slice2,1, freq = TRUE)

> ft <- t(matryca(liczba (plaster 1,2), wiersz = 4))
> ft/rep(stosuje się(ft,c(1),suma), każdy=1)

          [,1]      [,2]      [,3]      [,4]
[1,] 0.3207108 0.2081375 0.2711159 0.2000358
[2,] 0.2216884 0.1995430 0.3304822 0.2482864
[3,] 0.1510382 0.1726538 0.3265535 0.3497545
[4,] 0.3376729 0.2067625 0.2589730 0.1965916

> ft <- t(matryca(liczba (plaster 2,2), wiersz = 4))
> ft/rep(stosuje się(ft,c(1),suma), każdy=1)

          [,1]      [,2]      [,3]      [,4]
[1,] 0.3483861 0.2054048 0.2281222 0.2180870
[2,] 0.2569627 0.2077915 0.2654462 0.2697996
[3,] 0.1731077 0.1836859 0.2739539 0.3692525
[4,] 0.3566191 0.2222849 0.2117846 0.2093114
```

"freq" służy do obliczania częstotliwości liter w sekwencjach DNA

"*PRAWA*" to logiczne operatory i środki czy wszystkie wartości są prawdziwe?

Kody R dla testu Chi-Squared dla dwóch sekwencji Slice1 i Slice2.

```
> chisq.test(rbind(table(Slice1), table(Slice2)))

        Pearson's Chi-squared test

dane: oprawa (tabela (plaster 1), tabela (plaster 2))
X-kwarica = 707,53, df = 11, wartość p < 2,2e-16
```

Kody R dla działki Glm.

```
> par(mfrow = c(2,1))
> response <- count(Slice1,2)
> aktualny <- współczynnik (rep(c('a','c','g','t'),każdy = 4))
> po <- czynniku (rep(c('a','c','g','t'),4))
> fM <- glm(response ~ current + current/follow, family = poisson)
> anova(fM, test = "Chisq")
> fM <- glm(response ~ current + following, family = poisson)
> działka(fM, która = 1)
>
> response <- count(Slice2,2)
> aktualny <- współczynnik (rep(c('a','c','g','t'),każdy = 4))
> po <- czynniku (rep(c('a','c','g','t'),4))
> fM <- glm(response ~ current + current/follow, family = poisson)
> anova(fM, test = "Chisq")
> fM <- glm(response ~ current + following, family = poisson)
> działka(fM, która = 1)
```

Kody R dla testu Chi-Squared dla MRI99T1 i MRI100T1.

```
> chisq.test (rbind(table(MRI99T1),table(MRI100T1)))
```

[uruchomić 16] Kody R dla testu Chi-Squared dla dwóch łańcuchów Markova pierwszego rzędu, sekwencji MRI99T1R i MRI100T1R.

```
> odpowiedź <- c(count(MRI99T1R,2),count(MRI100T1R,2))
> aktualny <- współczynnik (rep(c('a','c','g','t'),2,każdy = 4))
> po <- czynniku (rep(c('a','c','g','t'),8))
> Graficzny <- współczynnik (rep(c("1","2"), każdy = 16))
> fM <- glm(response ~current + current/follow + Graphic +
Graphic:current + Graphic:current/follow, family = poisson)
> anova(fM, test = "Chisq")
```

Kody R dla działek z wiązami.

```
par(mfrow = c(2,1))
odpowiedź <- count(MRI99T1R,2)
bieżący <- współczynnik (rep(c('a','c','g','t'), każdy = 4))
po <- czynniku (rep(c('a','c','g','t'),4))

fM <- glm(response ~ current + current/following, family =
poisson)
anova(fM, test = "Chisq")

fM <- glm(response ~ current + following, family = poisson)
działka (fM, która = 1)

odpowiedź <- count(MRI100T1R,2)
bieżący <- współczynnik (rep(c('a','c','g','t'), każdy = 4))
po <- czynniku (rep(c('a','c','g','t'),4))

fM <- glm(response ~ current + current/following, family =
poisson)
anova(fM, test = "Chisq")
```

```
fM <- glm(response ~ current + following, family = poisson)

działka (fM, która = 1)
```

Kody R dla testu Chi-Squared dla MRI99T1R i MRI100T1R.

```
chisq.test (rbind(table(MRI99T1R),table(MRI100T1R)))
```

Wartość X-krotność	df	p- wartość p
49.1735	11	8.808e-07

Stolik I: Wyniki testu Chi-Squared dla dwóch sekwencji MRI99T1R i MRI100TR

Kody R dla testu Chi-Squared dla MRI99T1R i MRI105T1R.

```
chisq.test (rbind(tabela(MRI99T1R),tabela(MRI105T1R)))
```

Wartość X-krotność	df	p- wartość p
197.3811	11	< 2.2e-16

Tabela II: Wyniki testu Chi-squared dla dwóch sekwencji MRI99T1 i MRI105T1

[uruchomić 20] Kody R dla testu Chi-Squared dla MRI100T1R i MRI105T1R.

```
chisq.test (rbind(tabela(MRI100T1R),tabela(MRI105T1R)))
```

Wartość X-krotność	df	p- wartość p
98.5535	11	3.452e-16

Tabela III: Wyniki testu Chi-squared dla dwóch sekwencji MRI100T1 i MRI105T

[uruchomić 21] Kody R dla testu Chi-Squared dla dwóch łańcuchów Marko pierwszego rzędu dla dwóch sekwencji MRI99T1R i MRI100T1R.

```
odpowiedź <- c(count(MRI99T1R,2),count(MRI100T1R,2))
bieżący <- współczynnik (rep(c('a','c','g','t'),2,każdy = 4))
po <- czynniku (rep(c('a','c','g','t'),8))
Graficzny <- współczynnik (rep(c("1","2"), każdy = 16))
fM <- glm(response ~current + current/follow + Graphic +
Graphic:current + Graphic:current/follow, family = poisson)
anova(fM, test = "Chisq")
```

Analiza tabeli odchylenia
Model: poisson, link: log
Reakcja: reakcja
Terminy dodawane kolejno (od pierwszego do ostatniego)

	Df	Deviance	Resid. Df	Resid. Dev	P(>|Chi|)
NIEWAŻNE			31	2847,10	
bieżące	3	605,51	28	2241,58	6 426e-24
Zdjęcie	1	104,82	27	2136,76	1,335e-24
prąd:po	12	2040,9	15	96,28	0,0
Prąd:Obrazek	3	41,33	12	54,95	5,564e-09
aktualny: po Obrazek	12	54,95	0	3,260e-13	1,847e-07

***Tabela IV:** Wyniki testu Chi-squared dla dwóch łańcuchów Markova pierwszego rzędu dla MRI99T1R i MRI100T1R.*

[run 22] Kody R dla testu Chi-Squared dla dwóch łańcuchów Marko pierwszego rzędu dla dwóch sekwencji MRI99T1R i MRI105T1R.

```
odpowiedź <- c(count(MRI99T1R,2),count(MRI105T1R,2))
bieżący <- współczynnik (rep(c('a','c','g','t'),2,każdy = 4))
po <- czynniku (rep(c('a','c','g','t'),8))
Graficzny <- współczynnik (rep(c("1","2"), każdy = 16))
fM <- glm(response ~current + current/follow + Graphic +
Graphic:current + Graphic:current/follow, family = poisson)
anova(fM, test = "Chisq")
```

Analiza tabeli odchylenia

Model: poisson, link: log

Reakcja: reakcja

Terminy dodawane kolejno (od pierwszego do ostatniego)

	Df	**Deviance**	**Resid. Df**	**Resid. Dev**	**P(>|Chi|)**
NIEWAŻNE			31	3794,8	
obecny	3	455,6	28	3339,3	2 031e-98
Grafika	1	1440,3	27	1899,0	3,740e-315
prąd: po	12	1478,6	15	420,4	1.579e-309
prąd:Grafika	3	186,9	12	233,6	2.903e-40
current:following:Graphic	12	233.6	0	2.494e-12	3.601e-43

Tabela V: Wyniki testu Chi-squared dla dwóch łańcuchów Markov pierwszego rzędu dla sekwencji MRI99T1R i MRI105T1R

[uruchomić 23] Kody R dla testu Chi-Squared dla dwóch łańcuchów Marko pierwszego rzędu dla dwóch sekwencji MRI100T1R i MRI105T1R.

```
odpowiedź <- c(count(MRI100T1R,2),count(MRI105T1R,2))
bieżący <- współczynnik (rep(c('a','c','g','t'),2,każdy = 4))
po <- czynniku (rep(c('a','c','g','t'),8))
Graficzny <- współczynnik (rep(c("1","2"), każdy = 16))
```

```
fM <- glm(response ~current + current/follow + Graphic +
Graphic:current + Graphic:current/follow, family = poisson)
anova(fM, test = "Chisq")
```

Analiza tabeli odchylenia

Model: poisson, link: log

Reakcja: reakcja

Terminy dodawane kolejno (od pierwszego do ostatniego)

	Df	Deviance	Resid. Df	Resid. Dev	P(>|Chi|)
NIEWAŻNE			31	2913,32	
bieżący	3	477,27	28	2436,05	4.016e-103
Grafika	1	768,30	27	1667,75	4 209e-169
obecny:po	12	1416.62	15	251.13	3.630e-296
prąd:Grafika	3	91,92	12	159,21	8,473e-20
current:following:Graphic	12	159.21	0	6.429e-12	7.611e-28

Tabela VI: Wyniki testu Chi-squared dla dwóch łańcuchów Markova pierwszego rzędu dla dwóch sekwencji MRI100T1R i MRI105T1R

Kody R dla działek z wiązami.

```
par(mfrow = c(3,1))
odpowiedź <- count(MRI99T1R,2)
bieżący <- współczynnik (rep(c('a','c','g','t'), każdy = 4))
po <- czynniku (rep(c('a','c','g','t'),4))

fM <- glm(response ~ current + current/following, family =
poisson)
anova(fM, test = "Chisq")

fM <- glm(response ~ current + following, family = poisson)
```

```
działka (fM, która = 1)
odpowiedź <- count(MRI100T1R,2)
bieżący <- współczynnik (rep(c('a','c','g','t'), każdy = 4))
po <- czynniku (rep(c('a','c','g','t'),4))

fM <- glm(response ~ current + current/following, family =
poisson)
anova(fM, test = "Chisq")

fM <- glm(response ~ current + following, family = poisson)
działka (fM, która = 1)
odpowiedź <- count(MRI105T1R,2)
bieżący <- współczynnik (rep(c('a','c','g','t'), każdy = 4))
po <- czynniku (rep(c('a','c','g','t'),4))

fM <- glm(response ~ current + current/following, family =
poisson)
anova(fM, test = "Chisq")

fM <- glm(response ~ current + following, family = poisson)
działka (fM, która = 1)
```

FSC
www.fsc.org
MIX
Papier | Fördert gute Waldnutzung
FSC® C083411

Kolibri 360 GmbH
Ferdinand-Jühlke-Straße 7
99095 Erfurt, Deutschland
produktsicherheit@kolibri360.de

Druck:
CPI Druckdienstleistungen GmbH
im Auftrag der
Kolibri 360 GmbH
Ferdinand-Jühlke-Str. 7
99095 Erfurt